U0190589

大学计算机基础实践教程

主　编　孔令信　马亚军
副主编　刘振东　谢克武
　　　　杨　洲　张　原
主　审　甘利杰

重庆大学出版社

内容提要

本书作为《大学计算机基础教程》的配套教材,是根据高校大学计算机基础课程教学指导委员会的要求,参考全国计算机等级考试(二级MS Office高级应用)考试大纲,结合独立学院学生的知识基础和培养应用型人才的目标要求编写而成的。全书共分为两个部分,其中第一部分主要包含Windows 7基本操作、Office 2010、多媒体技术基础、数据库基础、计算机网络5个模块共计16个实验;第二部分是配合《大学计算机基础教程》而编制的练习题,覆盖计算机基础知识、计算机系统概述、数据在计算机中的表示、操作系统基础、办公软件Office 2010、计算机网络基础及应用、多媒体技术基础以及数据库基础8个章节的内容。

本书主要适用于独立学院、应用技术学院非计算机专业大学计算机基础的教学,也可作为一般本科院校学生的参考用书。

图书在版编目(CIP)数据

大学计算机基础实践教程/孔令信,马亚军主编.
--重庆:重庆大学出版社,2018.7(2020.8重印)
新工科系列 公共课教材
ISBN 978-7-5689-1183-2

Ⅰ.①大… Ⅱ.①孔… ②马… Ⅲ.①电子计算机—
高等学校—教材 Ⅳ.①TP3

中国版本图书馆CIP数据核字(2018)第130107号

大学计算机基础实践教程

主 编 孔令信 马亚军
副主编 刘振东 谢克武 杨 洲 张 原
主 审 甘利杰
策划编辑:范 琪
责任编辑:姜 凤 版式设计:范 琪
责任校对:张红梅 责任印制:张 策

*

重庆大学出版社出版发行
出版人:饶帮华
社址:重庆市沙坪坝区大学城西路21号
邮编:401331
电话:(023) 88617190 88617185(中小学)
传真:(023) 88617186 88617166
网址:http://www.cqup.com.cn
邮箱:fxk@ cqup.com.cn(营销中心)
全国新华书店经销
重庆升光电力印务有限公司印刷

*

开本:787mm×1092mm 1/16 印张:8.75 字数:204千
2018年7月第1版 2020年8月第3次印刷
印数:6 001—9 000
ISBN 978-7-5689-1183-2 定价:32.00元

前　言

　　本书是配合《大学计算机基础教程》的实践教学编写而成的。通过实验环节,培养学生对计算机的操作能力和实际动手能力;通过习题环节,帮助学生加深对教材内容的理解,进一步扩展和补充计算机相关基础知识,拓展学生的知识面。

　　根据高校大学计算机基础课程教学指导委员会的要求,参考全国计算机等级考试(二级MS Office 高级应用)考试大纲,结合独立学院学生的知识基础和培养应用型人才的目标要求,本书内容以 Windows 7 + Office 2010 为操作平台,强化了 Word 2010、Excel 2010 和 Power-Point 2010 的基础应用。

　　全书共分为两个部分,其中第一部分包含 Window 7 基本操作、Office 2010、多媒体技术基础、数据库基础、计算机网络 5 个模块共计 16 个实验;第二部分是配合《大学计算机基础教程》而编制的练习题,覆盖计算机基础知识、计算机系统概述、数据在计算机中的表示、操作系统基础、办公软件 Office 2010、计算机网络基础及应用、多媒体技术基础以及数据库基础 8 个章节的内容。

　　本书建议教学总学时为 48 学时,其中课内实验 32 学时,每个实验 2 个学时;课外练习16 学时。根据各学校《大学计算机基础教程》课时安排,可适当强化 Word 2010、Excel 2010和 PowerPoint 2010 部分实验内容。

　　本书主要由重庆工商大学派斯学院老师编写,具体编写分工如下:甘利杰任主审,孔令信、马亚军任主编,刘振东、谢克武、杨洲、张原任副主编。其中甘利杰负责本书的总体策划和后期初审工作,孔令信负责实验 3 至实验 6 的编写,马亚军负责实验 7 至实验 10 的编写,刘振东负责实验 11、实验 12、实验 14、实验 15 的编写,谢克武负责实验 1、实验 2、实验 13、实验 16 的编写,最后由孔令信、四川传媒学院杨洲和张原负责全书的统稿。

　　由于编者水平所限,书中难免存在疏漏和不足之处,敬请读者批评指正。

编　者

2018 年 1 月

目 录

目 录

第一部分
实验指导

实验 *1*　Windows 7 基本操作

【实验目的】

1. 掌握操作系统的启动和关闭方法。
2. 掌握查看计算机硬件信息的方法。
3. 掌握 Windows 7 界面个性化设置。
4. 掌握文件和文件夹的管理操作。

【实验内容】

1. Windows 7 的启动与关闭。
2. 熟悉 Windows 7 桌面。
3. Windows 7 桌面的简单调整。
4. 查看实验室计算机的硬件配置信息,并将相应的信息填入表 1-1 中。
5. Windows 7 桌面主题和外观设置。
6. 设置屏幕分辨率。
7. 设置任务栏。
8. 设置"开始"菜单。
9. 屏幕抓图。
10. 文件与文件夹的管理。

【实验步骤】

1. Windows 7 的启动与关闭。其操作提示如下:

(1)Windows 7 的启动。打开计算机主机电源,Windows 7 将正常启动,观察启动过程中屏幕显示的相关信息。

(2)Windows 7 的关闭。单击任务栏上的【开始】按钮,在弹出的【开始】菜单中选择"关机"按钮。

2. 熟悉 Windows 7 桌面。

系统正常启动后,仔细观察桌面,熟悉桌面各部分的名称。

3. Windows 7 桌面的简单调整。

将鼠标指针移动到桌面任一应用图标上,按住鼠标左键,即可将图标拖动到桌面任意位置。

将鼠标移动到任务栏的上沿,当鼠标变为双向箭头时,拖动任务栏,可改变任务栏的高度。

将鼠标指针放在任务栏的空白处,然后向屏幕边缘拖动,可将任务栏移动到屏幕的左边缘、右边缘或上边缘。

4. 查看实验室计算机的硬件配置信息,并将相应的信息填入表 1-1 中。

单击【开始】→【所有程序】→【附件】→【系统工具】→【系统信息】选项,打开"系统信息"窗口,观察此窗口就可以了解计算机软硬件的一些基本信息。

如果想了解更全面的硬件信息,可通过以下操作:

单击【开始】→【控制面板】选项,打开"控制面板"窗口,单击【系统与安全】→【系统】选项,打开"系统"窗口,里面有部分基本的硬件信息,然后再单击"系统"窗口左侧列表中的【设备管理器】,打开"设备管理器"窗口,通过此窗口,可以全面了解计算机的硬件信息,并将相应信息填入表 1-1 中。

表 1-1 计算机基本情况表

机房及机位号码	
计算机名	
操作系统及版本	
CPU 型号	
内存容量	
记录硬盘分区个数	
分区,各分区的盘符、大小、使用及空余情况	
估算硬盘总容量	

5. Windows 7 桌面主题和外观设置。其操作提示如下:

①在桌面空白处单击鼠标右键,再选择快捷菜单中的【个性化】菜单,打开"个性化"窗口,可以选择"Aero 主题"中自己喜欢的主题。

②在"个性化"窗口中,单击【桌面背景】选项,打开"桌面背景"窗口;然后根据需要设置桌面背景;最后单击【保存修改】按钮完成设置。

③在"个性化"窗口中,单击【窗口颜色】选项,出现"窗口颜色"窗口,单击 Windows 7 提供的 16 种颜色中的一种,就可以更改【开始】菜单、任务栏和窗口边框的颜色。勾选【启用透明效果】选项,可启用透明效果。单击【高级外观设置】选项,可以进行窗口颜色和外观的高级设置。最后单击【保存修改】按钮完成设置。

④在"个性化"窗口中,单击【屏幕保护程序】选项,打开"屏幕保护程序"窗口,根据需要可选择"彩带""气泡""三维文字""照片"等屏幕保护程序,然后单击【设置】按钮修改屏幕保护程序,最后单击【确定】按钮完成设置。

⑤经过以上修改,主题发生了变化,新主题会出现在"我的主题"项目下,系统默认为"未保存主题",选择"未保存主题",单击【保存主题】命令,打开【将主题另存为】对话框,输

入主题名如"张三的主题",然后单击【保存】按钮保存该主题。如果要删除某个主题,可右键单击该主题,在弹出的菜单中单击【删除主题】即可。

6. 设置屏幕分辨率。其操作提示如下:

在桌面空白处单击鼠标右键,在弹出菜单中选择【屏幕分辨率】,打开"屏幕分辨率"窗口,单击"分辨率"右侧的下拉按钮,选择需要的分辨率,最后单击【确定】按钮保存修改。

7. 设置任务栏。其操作提示如下:

(1)调整任务栏图标按钮。对未打开的程序,将程序的快捷方式图标直接拖到任务栏空白处,即可将该应用程序锁定到任务栏。对已打开的应用程序,右键单击任务栏中该程序的图标,单击弹出菜单中的【将此程序锁定到任务栏】选项,即可将此程序锁定到任务栏。左右拖动任务栏按钮区的图标,可重新进行排列。右键单击任务栏中已锁定的某图标按钮,单击弹出菜单中的【将此程序从任务栏解锁】选项,可将该程序图标从任务栏按钮区中移除。

(2)跳转列表操作。使用任务栏上的跳转列表可以快速访问常用的项目,这些项目可以是文件、文件夹或网址等。

在任务栏上右键单击某程序图标,弹出跳转列表,然后右键单击跳转列表中的某个选项,弹出快捷菜单,根据需要,在快捷菜单中选择【打开】【复制】【锁定到此列表】【从列表中删除】等选项,即可完成相应的操作。

(3)显示桌面操作。单击任务栏空白处,弹出快捷菜单,单击【工具栏】→【桌面】选项,即可将桌面应用程序都添加到任务栏中。

8. 设置【开始】菜单。其操作提示如下:

右键单击【开始】按钮,在弹出的快捷菜单中单击【属性】菜单,弹出"任务栏和'开始'"窗口,单击【自定义】按钮,在弹出的【自定义"开始"】对话框中勾选相应的选项,即可完成相应的设置。

9. 屏幕抓图。其操作提示如下:

(1)抓取整个桌面。关闭所有应用程序,在只显示 Windows 桌面的状态下,按键盘上的【PrintScreen】键,即可将桌面抓取到内存中,然后打开系统的画图程序(依次单击【开始】→【附件】→【画图】选项),按下组合键【Ctrl + V】,即可将桌面图片粘贴到画图程序中,最后保存桌面图片(依次单击画图程序【文件】→【另存为】菜单)。

(2)抓取活动窗口。活动窗口是指屏幕上同时出现多个窗口时,只有一个是正在操作的窗口,而正在操作的窗口就是活动窗口。例如,桌面上有两个或更多的窗口,那么用户正在操作的窗口就是活动窗口,同时正在操作的窗口标题显示为蓝色,而其他非活动窗口标题显示为灰色。

抓取活动窗口的方法,用鼠标单击想要抓取的窗口,在键盘上按下【Alt + PrintScreen】组合键,就可将该窗口的截图抓取到内存中。抓取活动窗口之后,保存窗口图片的操作与保存桌面图片的操作相同。

10. 文件与文件夹的管理。其操作提示如下:

(1)文件和文件夹的属性设置。文件和文件夹主要有两个属性,分别为"只读"和"隐藏"属性。将文件或文件夹设为"只读"模式,文件或文件夹不能修改,只能读取。将文件或文件夹设为"隐藏"模式,在默认情况下不能查看相应的文件或文件夹。

在计算机硬盘中,任意选择一个文件夹,右键单击该文件夹,在弹出的快捷菜单中单击【属性】选项,在弹出的"属性"对话框中,勾选【只读】选项,可将文件夹设为只读,勾选【隐藏】选项,可将文件夹设为隐藏,最后单击【确定】按钮即可。

对文件的属性设置,基本同文件夹属性设置操作一样,可参考文件夹属性设置操作。

如果想查看隐藏了的文件或文件夹,可单击【组织】菜单下的【文件夹和搜索选项】,在弹出的"文件夹选项"对话框中,单击【查看】选项卡,在"高级设置"中选中"显示隐藏的文件、文件夹和驱动器",然后单击【确定】按钮保存修改即可。

(2)文件或文件夹的基本操作。其操作提示如下:

①在计算机 D 盘中以自己的学号和名字(如"20115100041 王小三"),建立如图 1-1 所示结构的文件夹。

图 1-1 保存实验文件的文件夹结构

②双击进入"Word 实验"文件夹中,单击【文件】→【新建】→【Microsoft Word 文档】选项,此时文件夹中出现了一个名为"新建 Microsoft Word 文档.docx"的图标,该文档名字处于激活状态,将其改为"特殊字符.docx"(注意只改变主文件名,保留原有的扩展名".docx")。在"特殊字符.docx"文件中输入下列字符:

半角(英文)符号: &   *   < > %   . ~ @ ^ \ /

全角(中文)符号: ＆   ＊   ＜＞ ％   。 ～ ＠ ︿ ＼ ／

中文标点: , 。 ; : ' ' " " 《》 · —— ? ! ……

数学符号: ∫ ∑ ∞ ≤ ≥ ≠ ≈ ∠A ± %

各种括号: ( ) ［ ］ ｛ ｝   < > 【 】 『 』

项目符号: ★ ● ☆ ◆ △ № ※ §

数字序号: ① ② ③ (1) (2) (3) ㈠ ㈡ ㈢   Ⅰ Ⅱ Ⅲ

箭头符号: ↑ ↓ ← →

希腊字母: α β γ δ ε π τ ω λ ξ η

货币符号: ￥:人民币 $:美元 £ :英镑

③用记事本建立一个文本文件 Test1.txt,文件的内容任意输入,将"Test1.txt"文件移到"20115100041 王小三\Windows 实验\输入练习"文件夹中。

④文件或文件夹的复制:将"20115100041 王小三\Windows 实验\输入练习"文件夹复制一份到"20115100041 王小三\Windows 实验\综合练习"中。

⑤文件或文件夹的改名:将文件夹"20115100041 王小三\Windows 实验\输入练习"中的

"Test1. txt"文件改名为"myfile. txt"。

⑥文件(夹)的删除及恢复:删除"20115100041 王小三\Windows 实验\系统文件"文件夹;删除"20115100041 王小三\Windows 实验\输入练习"文件夹中的"myfile. txt"文件;双击桌面上的【回收站】图标,打开"回收站"窗口,查看刚才删除的"系统文件"文件夹和"myfile. txt"文件是否在回收站中;右键单击回收站中的"myfile. txt"文件,单击弹出菜单【还原】命令,将文件恢复到原位。

⑦搜索文件和文件夹:文件和文件夹搜索有两种方式,一种是精确查找,输入完整的文件名或文件夹名,查找相应的文件夹或文件;另一种是匹配查找,通过匹配符查找,匹配符主要有"?"和" * "。其中,"?"表示任一字符," * "表示任一字符串。例如,要查询文件名中第三个字符为 a,扩展名为". bmp"的文件,则可通过搜索"?? a * . bmp"来查找符合条件的文件。

实验 2　Windows 7 优化和使用

【实验目的】

1. 掌握常用的提高系统启动速度的方法。
2. 利用 Windows 7 系统自带工具优化系统性能。
3. 利用 360 安全卫士进行系统优化。

【实验内容】

1. 调整系统启动内核数和内存,加快 Windows 7 系统启动。
2. 优化 Windows 7 系统启动项。
3. 硬盘清理和碎片整理。
4. 删除 Windows 7 系统中多余的字体。
5. 关闭 Windows Aero 特效。
6. 关闭窗口视觉特效。
7. 关闭 Windows 7 系统声音。
8. 关闭不必要的 Windows 服务。
9. 利用 360 安全卫士进行系统优化。

【实验步骤】

1. 调整系统启动内核数和内存,加快 Windows 7 系统启动。

在 Windows 7 系统默认设置下是使用一个处理器启动(即使用单核启动),目前大多数计算机都是多核处理器,启动的内核数量增加后,开机速度自然提升。下面介绍增加启动的内核数量设置步骤:

单击【开始】菜单,在搜索程序框中输入"msconfig"命令,打开"系统配置"窗口;单击【引导】选项后,再单击【高级选项】按钮,打开"引导高级选项"窗口,勾选"处理器数"和"最大内存",然后在相应的位置下选择最大的处理器数目和内存,如图 2-1 所示;最后单击【确定】按钮保存修改,重启计算机,此时查看系统启动时间是否加快了。

2. 优化 Windows 7 系统启动项。

计算机在使用中会不断安装各种应用程序,而其中的一些程序会默认加入系统启动项中,但对用户来说也许并非必要,反而造成开机缓慢,如播放器程序、聊天工具等都被加到系统启动项里了。通过优化这些启动项,可大大提高系统启动的速度。优化系统启动项设置

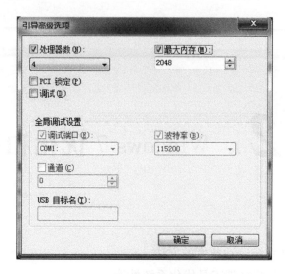

图 2-1 "引导高级选项"对话框

步骤如下：

单击【开始】菜单，在搜索程序框中输入"msconfig"命令，打开"系统配置"窗口，单击【启动】选项，在下面的启动项目列表中，可勾选一些无用的启动项目，单击【全部禁用】按钮，最后单击【确定】按钮保存修改，刚才勾选的启动项目就被禁用了，从而加快 Windows 7 启动的速度。

注意：禁用的应用程序最好都是自己所认识的，不是必须随系统一起启动的，像杀毒软件或系统自身的服务就不要轻易改变。

3. 磁盘清理和碎片整理。

Windows 7 长期运行后，会产生很多系统垃圾文件，硬盘也会产生很多磁盘碎片，这些都会影响系统的运行速度，严重时，甚至会缩短硬盘的寿命，因而需要定期进行磁盘清理和磁盘碎片整理。其操作步骤如下：

①磁盘清理操作步骤：单击【开始】→【所有程序】→【附件】→【系统工具】→【磁盘清理】选项，打开"磁盘清理"窗口，在"驱动器"下方的下拉列表中选择要清理的驱动器（如 C 盘），单击【确定】按钮，开始进行磁盘清理，清理完成后，弹出"磁盘清理"窗口，勾选其中需要删除的文件，单击【确定】按钮，完成清理。

②磁盘碎片整理操作步骤：单击【开始】→【所有程序】→【附件】→【系统工具】→【磁盘碎片整理程序】选项，打开"磁盘碎片整理程序"窗口，在磁盘列表中选择需要整理的磁盘，单击【分析磁盘】按钮，进行磁盘碎片分析，分析完后，如果碎片较少，可不进行磁盘碎片整理，如果磁盘碎片较多，单击【磁盘碎片整理】按钮，进行磁盘碎片整理，整理完成后，单击【关闭】按钮，完成碎片整理。

4. 删除 Windows 7 系统中多余的字体。

Windows 7 系统中多种默认的字体占用不少系统资源，对 Windows 7 性能有要求的用户可以删除多余的字体，只保留常用的，从而减少系统负载，提高系统性能。删除多余字体文件的步骤如下：

单击【开始】菜单,打开"控制面板"窗口,选择【外观和个性化】选项,打开"外观和个性化"窗口,再单击【字体】选项,打开"字体"窗口,把那些从来不用也不认识的字体删除,删除的字体越多,得到的空闲系统资源也越多。如果担心以后可能用到这些字体时不太好找,也可以不删除,而是将不用的字体保存在其他磁盘的某个文件夹中即可。

5. 关闭 Windows Aero 特效。

Windows 7 系统中的 Aero 特效就是微软从 Vista 时代加入的华丽用户界面效果,能够带给用户全新的感观,其透明效果能够让使用者一眼看穿整个桌面。Aero 具有"Windows Flip"和"Windows Flip 3D"两项新功能,使用户能够轻松地在桌面上以视觉鲜明的便利方式管理窗口。除了新的图形和视觉改进,Windows Aero 的桌面性能同外观一样流畅和专业,为用户带来简单和高品质的体验。但使用该特效是花费了不少系统资源才得以实现的。如果用户对系统的响应速度要求高过外观的表现,可以关掉 Aero 特效。其操作步骤如下:

在桌面空白处单击鼠标右键,选择快捷菜单中的【个性化】菜单,打开"个性化"窗口,单击【窗口颜色】选项,打开"窗口颜色"窗口,在窗口中去掉 Windows 7 默认勾选的"启动透明效果",就可以关闭 Aero 特效。

6. 关闭窗口视觉特效。

Windows 7 窗口的美观性让不少用户都大为赞赏,但美观是以付出性能作为代价的,关闭这些特效,可以加快窗口切换。其操作步骤如下:

用鼠标右键单击桌面的计算机图标,选择弹出菜单上的【属性】命令,打开"系统"窗口,单击左侧列表中的【性能信息和工具】选项,在新弹出的窗口中单击【调整视觉效果】选项,打开"性能选项"窗口,选择【调整为最佳性能】选项,也可以选择【自定义】选项,在"自定义"特效列表中选择并设置"自定义显示特效",以提升系统运行速度。

7. 关闭 Windows 7 系统声音。

在使用 Windows 7 系统的过程中,很多操作都带有音效,这些音效也占用了不少系统资源,关闭这些系统音效,可以释放系统资源,提升系统的运行速度。其操作步骤如下:

单击【开始】菜单,选择【控制面板】选项,弹出"控制面板"对话框,单击【硬件和声音】,在弹出的对话框中,单击【声音】选项,在"声音"对话框中,选择【声音】选项卡,在"声音方案"下拉列表中选择"无声"方案,最后单击【确定】按钮保存修改。

8. 关闭不必要的 Windows 服务。

Windows 7 系统启动时,很多 Windows 服务随系统一起启动,其中很多 Windows 服务完全用不上,而且还占据了大量的系统内存。对部分高级用户来说,如果知道这些 Windows 服务项的作用,可以关闭其中一些自己从来不用的 Windows 服务以提高系统性能。对一般普通用户来说,如果不了解这些服务项的功能,不建议随便关闭,以免影响系统的正常运行。关闭 Windows 服务的步骤如下:

单击【开始】菜单,在搜索程序框中输入"msconfig"命令,打开"系统配置"窗口,单击【服务】选项卡,在下面的 Windows 服务列表中勾选需要关闭的服务,单击【全部禁用】按钮,最后单击【确定】按钮,即可关闭选中的服务。

9. 利用 360 安全卫士进行系统优化。

上面的系统优化操作都是通过 Windows 7 系统自带的工具来实现的，这些优化操作也可通过专业的系统优化工具(如 360 安全卫士、腾讯电脑管家等)来实现。这些工具除了能完成上面的操作，还有更多的优化功能，而且使用起来很简单。下面以 360 安全卫士为例，简单介绍该工具的优化功能。

360 安全卫士是一款由奇虎公司推出的完全免费的安全类上网辅助工具软件。它拥有电脑体检、木马查杀、电脑清理、系统修复、优化加速、实时保护等强劲功能。

①电脑体检：可以全面检查电脑各项状况，体检完成后会提交一份优化该电脑的意见，用户可根据需要对电脑进行优化，也可以便捷地选择一键优化。其操作步骤如下：

打开 360 安全卫士，单击主界面上的【电脑体检】图标，再单击下面的【立即体检】按钮，检查完毕后，单击【一键修复】按钮，如图 2-2 所示。

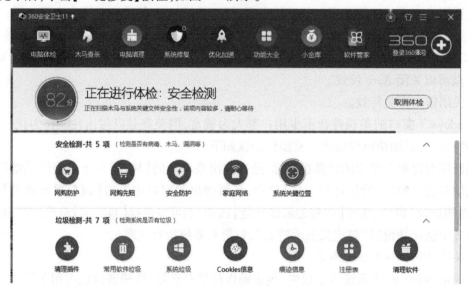

图 2-2 "电脑体检"对话框

②木马查杀：定期进行木马查杀可以有效保护各种系统账户安全。其操作步骤如下：

打开 360 安全卫士，单击主界面上的【木马查杀】图标，根据需要单击下面的【快速查杀】【全盘查杀】和【按位置查杀】3 个按钮之一，360 安全卫士开始进行木马扫描，扫描完毕后，若发现木马，单击【一键查杀】按钮，即可清除木马；若未发现木马，单击【完成】按钮，即可完成"木马查杀"操作，如图 2-3 所示。

③电脑清理：主要包含清理垃圾、痕迹、插件。很多插件是在用户不知情的情况下安装的，用户并不了解这些插件的用途，也并不需要这些插件，过多的插件会拖慢电脑的速度，通过定期的清理插件，可保证电脑的运行速度。

垃圾文件是指系统工作时产生的剩余数据文件，虽然每个垃圾文件所占系统资源并不多，但若是长时间没有清理，垃圾文件会越来越多，而垃圾文件堆积会拖慢电脑的运行速度和上网速度，浪费硬盘空间。

上网痕迹是用户在进行各种上网操作时留下的历史文档，记录了用户上网的动作，这有可能泄露用户的隐私。

图 2-3 "木马查杀"对话框

打开 360 安全卫士,单击主界面上的【电脑清理】图标,再单击下面的【全面清理】按钮,360 安全卫士开始进行垃圾扫描,扫描完成后,单击【一键清理】按钮,就可以清理各种垃圾,如图 2-4 所示。

图 2-4 "电脑清理"对话框

④系统修复:主要包括系统异常修复和系统漏洞修复。当遇到浏览器主页、开始菜单、桌面图标、文件夹、系统设置等出现异常时,使用系统修复功能,可找出问题出现的原因并修复问题。系统漏洞是指 Windows 操作系统在逻辑设计上的缺陷或在编写时产生的错误,如果被不法者或者黑客利用,他们通过植入木马、病毒等方式来攻击或控制整个电脑,就会窃

取电脑中的重要资料和信息,甚至破坏整个系统。系统漏洞修复是在操作系统官方网站下载相应的补丁,安装这些补丁来修复漏洞。其操作步骤如下:

打开360安全卫士,单击主界面上的【系统修复】图标,再单击下面的【全面修复】按钮,360安全卫士开始进行垃圾扫描,扫描完成后,单击【完成修复】按钮,就可以修复各种漏洞和异常,如图2-5所示。

图2-5 "系统修复"对话框

⑤优化加速:主要对系统启动项、系统性能、界面效果、文件系统、硬盘优化、硬盘碎片、硬盘错误、网络性能等进行优化处理。其操作步骤如下:

打开360安全卫士,单击主界面上的【优化加速】图标,再单击下面的【全面加速】按钮,360安全卫士开始进行垃圾扫描,扫描完成后,单击【立即优化】按钮,就可对系统进行全面优化,如图2-6所示。

图2-6 "优化加速"对话框

实验 3　Word 2010 基本操作

【实验目的】

1. 熟悉 Word 2010 中各选项卡的功能和使用。
2. 掌握 Word 2010 的启动和退出。
3. 掌握 Word 2010 中文档的保存。
4. 掌握 Word 2010 中文档的基本编辑。

【实验内容】

1. 新建 Word 文档,文件名为"w1. docx",录入下列方框中的内容。

---

microsoft office 2010 是微软公司发布的一款基于 windows 操作系统的办公软件套装,是继 microsoft office 2007 后的新一代办公软件。

office 2010 包含 word 2010、excel 2010、powerPoint 2010 等十大常用办公软件,相比之前的几种版本,office 2010 更加突出以"角色"为中心,强化了更多的个性化设置供能,例如新增文字样式、word 2007 公式编辑器全面取代微软公式编辑器 3.0、新 smartart 样式、新文字和图片编辑特效、屏幕截取和抓取工具等。

microsoft word 从 word 2007 升级到 word 2010,其最显著的变化就是使用"文件"按钮代替了 word 2007 中的 office 按钮,另外,word 2010 同样取消了传统的菜单操作方式,而代之于各种供能区。当单击各供能区名称时不会打开菜单,而是切换到与之相对应的供能区面板。

word 2010 是 office 2010 办公组件之一,主要用于文字处理。相对之前的版本,word 2010 增强了与他人协同工作并可在任何地点访问文件的供能,并且完美兼容了 word 2000、word 2003 等低版本。

word 2010 供能区如下:

"文件"供能区

"开始"供能区

"插入"供能区

"页面布局"供能区

"引用"供能区

"邮件"供能区

"审阅"供能区

"视图"供能区

---

2. 在文档首行增加标题行,并输入标题"word 概述"。

3. 将文档第三段(microsoft word 从 word 2007 升级到 word 2010······)和第四段(word 2010 是 office 2010 办公组件之一······)交换位置。

4. 将文档中所有"供能"改为"功能",所有英文单词首字母大写。

5. 设置文档页面大小为"16 开",页边距为:上下各"2 厘米",左边"3 厘米",右边"2 厘米",装订线居左边"1 厘米"。

6. 将文档标题设置为居中、黑体、三号、双倍行距、段前段后各一行;正文两端对齐、宋体、小四号、首行缩进 2 字符、单倍行距。

7. 在文档第五段(word 2010 功能区如下······)后插入 Word 2010 基本操作界面插图,并按照样张调整格式。

8. 将文档最后 8 行添加如样张所示项目符号、分两栏,将字符间距增至 150%。

9. 保存文档,并为文档创建一个扩展名为". doc"的副本。

【实验步骤】

1. 新建 Word 文档,文件名为"w1. docx",录入方框中的内容。其操作提示如下:

(1)启动、创建 Word 文档的常用方法有以下 3 种。

第一种,单击【开始】菜单,在弹出的菜单中选择【所有程序】,在应用程序列表中再选择【Microsoft Office】→【Microsoft Office Word 2010】菜单项即可。

第二种,双击桌面上的【Microsoft Office Word 2010】快捷方式。

第三种,打开指定的目录后,右键单击空白处,在弹出的快捷菜单中选择【新建】,在二级菜单中选择【Microsoft Office Word 文档】,输入文件名后,双击该 Word 文档即可。

(2)在 Word 2010 中录入内容时,不需要预先设定文字或者段落格式,可先将要录入的所有信息录入后再进行编辑排版。

(3)在录入信息的过程中要养成随时保存文件的习惯,通过步骤(1)中的前两种方法建立的 Word 文档,在第一次保存时,会弹出"另存为"对话框,在"另存为"对话框中,用户可以修改文档存储的目录、文件名、文件类型等信息。Word 2010 创建的 Word 文档,默认文件类型为". docx"文件,该文件类型在 Word 2003 或者以下版本的 Word 中是不能直接打开的,若需要在低版本的 Word 中打开,可以在文件类型中选择 Word 97-2003 类型,即文件扩展名为". doc"文件,该文件类型可以在 Word 97 及以上版本中打开。

2. 在文档首行增加标题行,并输入标题"word 概述"。其操作步骤如下:

步骤一:将光标定位到文档开头位置,输入【回车键】。

步骤二:将光标重新定位到文档第一行,输入"word 概述"。

3. 将文档第三段(microsoft word 从 word 2007 升级到 word 2010······)和第四段(word 2010 是 office 2010 办公组件之一······)交换位置。其操作步骤如下:

步骤一:选择文档第三段(microsoft word 从 word 2007 升级到 word 2010······)内容,单击【开始】功能区,在【剪贴板】功能组中选择【剪切】按钮。

步骤二:将光标定位到原文档第四段结束位置(并且完美兼容 word 2000、word 2003 等低版本),输入【回车键】,单击【开始】功能区,在【剪贴板】功能组中选择【粘贴】按钮。

步骤三:删除多余的空行。

4.将文档中所有"供能"改为"功能",所有英文单词首字母大写。其操作步骤如下:

步骤一:鼠标单击【开始】功能区,在【编辑】功能组中选择【替换】按钮,弹出【查找和替换】对话框。

步骤二:在对话框【替换】选项卡中的【查找内容】中输入"供能",在【替换为】中输入"功能"。

步骤三:单击【查找下一处】按钮后,再单击【全部替换】按钮,最后依次单击【确定】和【关闭】按钮。

步骤四:利用快捷键【Ctrl + A】选择整个文档内容,鼠标单击【开始】功能区,在【字体】功能组中选择【更改大小写】按钮,在弹出的二级菜单中选择【每个单词首字母大写】选项。

5. 设置文档页面大小为"16 开",页边距为:上下各"2 厘米",左边"3 厘米",右边"2 厘米",装订线居左边"1 厘米"。其操作步骤如下:

步骤一:单击【页面布局】功能区,在【页面设置】功能组右下角单击【页面设置】对话框启动按钮,打开【页面设置】对话框。

步骤二:在【纸张】选项卡的【纸张大小】中选择"16 开"。

步骤三:在【页边距】选项卡的【页边距】中分别设置上、下、右的值为"2 厘米",左边为"3 厘米",装订线为"1 厘米",选择装订线位置为"左",单击【确定】按钮。

6.将文档标题设置为居中、黑体、三号、双倍行距、段前段后各一行;正文两端对齐、宋体、小四号、首行缩进 2 字符、单倍行距。其操作步骤如下:

步骤一:选择文档标题"word 概述",单击【开始】功能区,在【字体】功能组右下角单击【字体】对话框启动按钮,打开【字体】对话框。

步骤二:单击【字体】选项卡,在【中文字体】中选择"黑体",在【字号】中选择"三号",单击【确定】按钮。

步骤三:单击【开始】功能区,在【段落】功能组右下角单击【段落】对话框启动按钮,打开【段落】对话框。

步骤四:单击【缩进和间距】选项卡,在【常规】中选择对齐方式为"居中",在【间距】中分别设置段前段后各 1 行,行距选择"2 倍行距",单击【确定】按钮。

步骤五:选择文档除标题外的其余内容,按照上述"步骤二",设置正文字体及字号。

步骤六:按照上述"步骤四"设置正文对齐方式及行距,并在【缩进】中选择特殊格式为"首行缩进",在磅值中输入"2 字符"。

7. 在文档第五段(word 2010 功能区如下……)后插入 Word 2010 基本操作界面插图,并按照样张调整格式。其操作步骤如下:

步骤一:创建一个空白 Word 文档,并将其打开。

步骤二:选择"w1. docx"文档,在文档第五段(word 2010 功能区如下……)后插入回车换行。

步骤三:单击【插入】功能区,在【插图】功能组中单击【屏幕截图】按钮,在【可用视窗】中选择"步骤一"新建的空白文档。

步骤四:适当调整图片的大小和位置。

8.将文档最后8行添加如样张所示项目符号、分两栏,将字符间距增至150%。其操作步骤如下:

步骤一:将光标定位到文档结尾处("视图"功能区后),输入【回车键】插入回车换行。

步骤二:选择文档后8行(8个功能区)内容,单击【开始】功能区,在【段落】功能组中单击【项目符号】右侧的"下拉式"按钮,在对话框中选择【定义新项目符号】,打开【定义新项目符号】对话框。

步骤三:单击【符号】按钮,在弹出的对话框中选择样张所示的图标,单击【确定】按钮;再单击【字体】按钮,打开【字体】对话框,在【字体颜色】中选择"蓝色,强调文字颜色1",依次单击两次【确定】按钮。

步骤四:单击【开始】功能区,打开【字体】对话框,选择【高级】选项卡,在【字符间距】中设置【缩放】为"150%",单击【确定】按钮。

步骤五:单击【页面布局】功能区,在【页面设置】功能组中单击【分栏】按钮,在快捷菜单中选择"两栏"。

9.保存文档,并为文档创建一个扩展名为".doc"的副本。其操作步骤如下:

步骤一:单击【文件】功能区,单击【保存】按钮。

步骤二:单击【文件】功能区,单击【另存为】按钮,打开【另存为】对话框后,在保存类型中选择"Word 97-2003 文档(∗.doc)",再单击【保存】按钮。

步骤三:关闭所有文档。

实验 4　Word 2010 图文混排

【实验目的】

1. 熟练掌握 Word 2010 中插入菜单的使用。
2. 熟练掌握 Word 2010 中图文混排技术。
3. 巩固文档基本操作。

【实验内容】

1. 打开实验素材中"实验 4 素材. docx",将其另存为"画蛇添足. docx"。
2. 设置文档页面宽度为"32 厘米",高度为"20 厘米",页边距各为"2 厘米"。
3. 按样张所示,添加页面边框,设置宽度为"30 磅";设置页面背景色为"浅绿"。
4. 将标题字体设置为"方正舒体",字号为"20 磅""红色""加粗""居中对齐",并加拼音,拼音字体为"宋体""20 磅""左对齐",调整标题宽度为"8 字符";设置行距为"2 倍行距",段前段后各一行。
5. 将正文除最后一段外,设置字体为"华文隶书",字号为"小四号",颜色为"红色";设置首行缩进"2 字符"。
6. 将正文最后一段字体设置为"楷体",字号为"小四号",颜色为"蓝色";为段落添加样张所示边框,并将全部文字转换为"繁体中文"。
7. 将正文分两栏显示,设置栏间距为"5 字符";将正文第一段首字符下沉"2 行"。
8. 将素材中的图片插入文档中,并按照样张所示调整位置和格式。
9. 在正文最后一段前插入艺术字,并按照样张所示调整位置和格式。
10. 保存文档。

【实验步骤】

1. 打开实验素材中"实验 4 素材. docx",将其另存为"画蛇添足. docx"。其操作步骤如下:

双击打开素材中的"实验 4 素材. docx"文件,单击【文件】功能区,单击【另存为】按钮,在弹出的【另存为】对话框中选择合适的目录,并在文件名中输入"画蛇添足",单击【确定】按钮。

2. 设置文档页面宽度为"32 厘米",高度为"20 厘米",页边距各为"2 厘米"。其操作步骤如下:

步骤一:单击【页面布局】功能区,在【页面设置】功能组右下角单击【页面设置】对话框启动按钮,打开【页面设置对话框】。

步骤二:在【纸张】选项卡的【纸张大小】中设置宽度为"32 厘米",高度为"20 厘米"。

步骤三:在【页边距】选项卡的【页边距】中分别设置上、下、左、右的值为"2 厘米",单击【确定】按钮。

3. 按样张所示,添加页面边框,设置宽度为"30 磅",设置页面背景色为"浅绿"。其操作步骤如下:

步骤一:单击【页面布局】功能区,在【页面背景】功能组中单击【页面颜色】按钮,在标准色中选择"浅绿"。

步骤二:在【页面背景】功能组中单击【页面边框】按钮,打开【边框和底纹】对话框,单击【页面边框】选项卡,在【艺术型】中选择样张所示边框,在【宽度】中输入"30 磅",单击【确定】按钮。

4. 将标题字体设置为"方正舒体",字号为"20 磅""红色""加粗""居中对齐",并加拼音,拼音字体为"宋体""20 磅""左对齐",调整标题宽度为"8 字符";设置行距为"2 倍行距",段前段后各一行。其操作步骤如下:

步骤一:选中标题"画蛇添足",单击【开始】功能区,在【字体】功能组右下角单击【字体】对话框启动按钮,打开【字体】对话框。

步骤二:单击【字体】选项卡,在【中文字体】中选择"方正舒体",在【字号】中选择"20 磅",在【字形】中选择"加粗",在【字体颜色】中选择"红色",单击【确定】按钮。

步骤三:单击【开始】功能区,在【字体】功能组中单击【拼音指南】按钮,启动【拼音指南】对话框,在【对齐方式】中选择"左对齐",【字体】中选择"宋体",【字号】中输入"20 磅",单击【确定】按钮。

步骤四:单击【开始】功能区,在【段落】功能组中单击【中文版式】按钮,在弹出的快捷菜单中选择【调整宽度】,打开【调整宽度】对话框,在【新文字宽度】中输入"8 字符",单击【确定】按钮。

步骤五:单击【开始】功能区,在【段落】功能组右下角单击【段落】对话框启动按钮,打开【段落】对话框。

步骤六:单击【缩进和间距】选项卡,在【常规】中选择对齐方式为"居中",在【间距】中分别设置段前段后各 1 行,行距选择"2 倍行距",单击【确定】按钮。

5. 将正文除最后一段外,设置字体为"华文隶书",字号为"小四号",颜色为"红色";设置首行缩进"2 字符"。其操作步骤如下:

步骤一:选中正文除最后一段外的全部内容,启动【字体】对话框,设置正文字体、字号和颜色。

步骤二:选中正文除最后一段外的全部内容,启动【段落】对话框,设置正文对齐方式及行距,并在【段落】对话框的【缩进】组中选择特殊格式为"首行缩进",在磅值中输入"2 字符"。

6. 将正文最后一段字体设置为"楷体",字号为"小四号",颜色为"蓝色";为段落添加样

张所示边框,并将全部文字转换为"繁体中文"。其操作步骤如下:

步骤一:选中正文最后一段内容,单击【审阅】功能区,在【中文简繁转换】功能组中单击【简转繁】按钮。

步骤二:选中正文最后一段内容,单击【开始】功能区,启动【字体】对话框,设置文字字体、字号和颜色。

步骤三:选中正文最后一段内容,单击【页面布局】功能区,在【页面背景】功能组中单击【页面边框】按钮,打开【边框底纹】对话框,单击【边框】选项卡,在【设置】中选择"自定义",在【样式】中选择样张所示边框类型,在【颜色】中选择"黄色",在【预览】中依次单击【上】和【下】按钮,使预览时只显示上下边框,在【应用于】中选择"段落",单击【确定】按钮。

7. 将正文分两栏显示,设置栏间距为"5 字符";将正文第一段首字符下沉"2 行"。其操作步骤如下:

步骤一:选中文档除标题外的全部内容,单击【页面布局】功能区,在【页面设置】功能组中单击【分栏】按钮,在弹出的快捷菜单中选择"更多分栏",打开【分栏】对话框,在【预览】中选择"两栏",在【间距】中输入"5 字符",单击【确定】按钮。

步骤二:选择正文第一段内容,单击【插入】功能区,在【文本】功能组中单击【首字下沉】按钮,在弹出的快捷菜单中选择【首字下沉选项】按钮,打开【首字下沉】对话框,在【位置】中选择"下沉",在【选项】的下沉行数中输入"2 行",单击【确定】按钮。

8. 将素材中的图片插入文档中,并按照样张所示调整位置和格式。其操作步骤如下:

步骤一:单击【插入】功能区,在【插图】功能组中单击【图片】按钮,打开【插入图片】对话框,选择素材文件夹中"画蛇添足 1. jpg"图片,单击【插入】按钮。

步骤二:选中图片,单击新生成的上下文功能区【图片工具】中的【格式】选项卡,单击【调整】功能组中的【删除背景】按钮,适当调整图片边框后,输入【回车键】确认。

步骤三:右键单击图片,在弹出的快捷菜单中选择【大小和位置】,打开【布局】对话框,选择【文字环绕】选项卡,在【环绕方式】中选择"四周型",单击【确定】按钮。

步骤四:选中图片,将鼠标移动至图片右下角,当光标变为"左上和右下"箭头时,按下鼠标左键的同时拖动鼠标,适当调整图片大小。

步骤五:选中图片,当光标变为"十字"箭头时,按下鼠标左键的同时拖动鼠标,适当调整图片位置。

步骤六:按上述方法,再次插入图片文件"画蛇添足 2. jpg"。

9. 在正文最后一段前插入艺术字,并按照样张所示调整位置和格式。其操作步骤如下:

步骤一:单击【插入】功能区,在【文本】功能组中单击【艺术字】按钮,在弹出的快捷菜单中选择"渐变填充-橙色,强调文字颜色6,内部阴影"格式,打开艺术字编辑框,在编辑框中输入"成语释义:"。

步骤二:选择艺术字,单击【开始】功能区,在【字体】功能组中设置字体为"华文隶书",字号为"二号"。

步骤三:选择艺术字,单击新生成的上下文功能区【绘图工具】中的【格式】选项卡,在【艺术字样式】功能组中单击【文本效果】按钮,在弹出的快捷菜单中选择【棱台】,在级联菜单中选择"柔圆"。

步骤四：鼠标拖动艺术字边框调整其大小和位置。

10. 保存文档。

实验 5   Word 2010 表格制作

【实验目的】

1. 熟练掌握表格的插入与删除等常用操作。

2. 熟练掌握调整与修饰表格的方法及技巧。

3. 掌握文字表格相互转换的方法及技巧。

4. 了解邮件合并的基本步骤。

【实验内容】

1. 打开"实验5素材.docx"文件,将文件另存为"家长通知书.docx",以下操作均基于该文档。

2. 调整文档页面,要求纸张大小为"A4",方向"横向",左、右边距均设为"2厘米",上边距设为"3厘米",下边距设为"2厘米"。

3. 设置文档标题格式,要求:"黑体""一号""加粗""居中";设置正文格式,要求:"仿宋""小四号""加粗",首行缩进"2字符"。

4. 按照样张所示,调整成绩表,使家长通知书和附件各占一页,并对表格套用格式"浅色网格-强调文字5"。

5. 设置"附件:"格式,要求:"黑体""三号""加粗""右对齐";设置"第二学期课程表"格式,要求:"华文新魏""二号""加粗""居中对齐"。

6. 将课程表下方文字转换为样张所示表格,并套用格式"浅色网格-强调文字2"。

7. 利用邮件合并功能,将素材中实验素材"成绩表.xlsx"文件中的学生姓名插入"尊敬的"和"同学家长"之间,并将该生各科成绩对应合并到成绩表相应位置,要求将各位同学的家长通知书生成新的文档,且每位同学一份,保存在文件"家长通知书-打印.docx"中。

8. 保存所有文档。

【实验步骤】

1. 打开"实验5素材.docx"文件,将文件另存为"家长通知书.docx"。其操作步骤如下:

打开文件"实验5素材.docx",单击【文件】功能区,单击【另存为】按钮,打开【另存为】对话框,在【文件名】中输入"家长通知书.docx",单击【保存】按钮。

2. 调整文档页面,要求纸张大小为"A4",方向"横向",左、右边距均设为"2厘米",上边距设为"3厘米",下边距设为"2厘米"。

步骤一：单击【页面布局】功能区，在【页面设置】功能区右下角单击【页面设置】对话框启动按钮，打开【页面设置】对话框。

步骤二：在【纸张】选项卡的【纸张大小】中选择"A4"。

步骤三：在【页边距】选项卡的【页边距】中分别设置下、左、右的值为"2厘米"，上的值为"3厘米"，在【纸张方向】中选择"横向"，单击【确定】按钮。

3. 设置文档标题格式，要求："黑体""一号""加粗""居中"；设置正文格式，要求："仿宋""小四号""加粗"，首行缩进"2字符"。其操作步骤如下：

步骤一：分别选中标题和正文内容，利用【开始】功能区中【字体】功能组的快捷命令按钮，分别设置标题和正文字体格式。

步骤二：选择正文除"尊敬的学生家长"外其余内容，利用【段落】对话框设置正文段落格式为"首行缩进2字符"。

4. 按照样张所示，调整成绩表，使家长通知书和附件各占一页，并对表格套用格式"浅色网格-强调文字5"。其操作步骤如下：

步骤一：选择"成绩表"第3行第2至第5列，单击新生成的上下文功能区【表格工具】中的【布局】选项卡，在【合并】功能组中单击【合并单元格】按钮。

步骤二：选中"家长意见"所在单元格，单击【表格工具】中的【布局】选项卡，在【对齐方式】功能组中单击【文字方向】按钮。

步骤三：选择表格第1行和第2行，单击【表格工具】中【布局】选项卡，在【单元格大小】功能组中的【高度】中输入"1厘米"，【宽度】中输入"3厘米"，输入【回车键】；选中表格第3行，按照上述方法设置单元格高度为"4厘米"。

步骤四：选择整个表格，单击【表格工具】中的【设计】选项卡，在【表格样式】功能组中选择"浅色网格-强调文字5"样式。

步骤五：选择整个表格，单击【开始】功能区，在【段落】功能组中单击【居中对齐】按钮；单击【表格工具】中的【布局】选项卡，在【对齐方式】功能组中单击【水平居中】按钮。

步骤六：将光标定位在"附件："前一行，单击【页面布局】功能区，在【页面设置】功能组中单击【分隔符】按钮，在弹出的快捷菜单中选择"下一页"。

5. 设置"附件："格式，要求："黑体""三号""加粗""右对齐"；设置"第二学期课程表"格式，要求："华文新魏""二号""加粗""居中对齐"。其操作步骤如下：

分别选中"附件："和"第二学期课程表"，利用【字体】对话框和【段落】对话框设置字体格式和对齐方式。

6. 将课程表下方文字转换为样张所示表格，并套用格式"浅色网格-强调文字2"。其操作步骤如下：

步骤一：选择文档中"第二学期课程表"后面文字中的"逗号"，单击【开始】功能区，在【剪贴板】功能组中单击【复制】按钮。

步骤二：选择文档中"第二学期课程表"后面的全部文字，单击【插入】功能区，在【表格】功能组中单击【表格】按钮，在弹出的快捷菜单中选择【文本转化成表格】，在【将文字转化成表格】对话框中选择【文字分隔位置】组的【其他字符】，将光标置于后面文本框中，按下组合键【Ctrl + V】,将"步骤一"中复制的"逗号"粘贴在文本框中,此时 Word 自动识别表格的行数和列数,并在【表格尺寸】组中显示,单击【确定】按钮。

步骤三:将光标定位到表格第一列,单击【表格工具】中【布局】选项卡,在【行和列】功能组中单击【在左侧插入】按钮。

步骤四:选择表格第一行前两列,单击【表格工具】中【布局】选项卡,在【合并】功能组中单击【合并单元格】按钮;按照同样的方法,分别合并表格第 1 列的第 2、3 行和第 4、5 行,并在合并后的单元格中分别输入"上午"和"下午"。

步骤五:选择"上午"和"下午"两个单元格,单击【表格工具】中【布局】选项卡,在【对齐方式】功能组中单击【文字方向】按钮。

步骤六:选择表格,单击【表格工具】中【设计】选项卡,在【表格样式】功能组中选择"浅色网格-强调文字 2"样式。

步骤七:按照样张所示,适当调整表格大小和位置。

7. 利用邮件合并功能,将素材中实验素材"成绩表. xlsx"文件中的学生姓名插入"尊敬的"和"同学家长"之间,并将该生各科成绩对应合并到成绩表相应位置,要求将各位同学的家长通知书生成新的文档,且每位同学一份,保存在文件"家长通知书-打印. docx"中。其操作步骤如下:

步骤一:将光标定位在"尊敬的"和"同学家长"文字之间,单击【邮件】功能区,在【开始邮件合并】功能组中单击【开始邮件合并】按钮,在弹出的快捷菜单中选择【邮件合并分步向导】,此时在屏幕右侧会打开【邮件合并】任务窗格,进入【邮件合并分步向导】的"第 1 步"。

步骤二:在【选择文档类型】选项区域中选择【信函】文档类型,单击【下一步:正在启动文档】超链接,进入【邮件合并分步向导】的"第 2 步"。

步骤三:在【选择开始文档】选项区域中选择【使用当前文档】单选按钮,以当前文档作为邮件合并的主文档,单击【下一步:选取收件人】超链接,进入【邮件合并分步向导】的"第 3 步"。

步骤四:在【选择收件人】选项区域中选择【使用现有列表】单选按钮,然后单击【浏览】超链接,打开【选取数据源】对话框,选择素材文件夹中"成绩表. xlsx"文件后单击【打开】按钮,打开【邮件合并收件人】对话框,依次单击【确定】按钮完成现有工作表的链接,单击【下一步:撰写信函】超链接,进入【邮件合并分步向导】的"第 4 步"。

步骤五:在【撰写信函】区域中选择【其他项目】超链接。打开【插入合并域】对话框,在【域】列表框中,选择"姓名"域,单击【插入】按钮。插入完所需的域后,单击【关闭】按钮,关闭【插入合并域】对话框,文档中的相应位置会自动出现已插入的域标记。

步骤六:分别将光标依次定位到各科成绩所在的单元格,按上述"步骤五"的方法,依次选择并将各科成绩合并到成绩表中。

步骤七:单击【下一步:预览信函】超链接,进入【邮件合并分步向导】的"第 5 步"。

步骤八:在【预览信函】选项区域中,单击"<"或">"按钮,可查看具有不同学生姓名和成绩的信函,预览并处理输出文档后,单击【下一步:完成合并】超链接,进入【邮件合并分步向导】的"第 6 步"。

步骤九:在【完成合并】中选择【编辑单个信函】超链接,打开【合并到新文档】对话框,在【合并记录】选项区域中选择【全部】单选按钮,依次单击【确定】按钮后,即可生成每位同学的家长通知书。

步骤十:单击【文件】功能区的【另存为】按钮,在【另存为】对话框的文件名中输入"家长通知书-打印.docx",单击【保存】按钮。

8.保存所有文档。

实验 **6**　　Word 2010 综合实验

【实验目的】

1. 巩固 Word 2010 中基本菜单的使用。

2. 掌握 Word 2010 中自定义样式的定义和使用。

3. 熟练掌握长文档编辑与排版的技巧。

【实验内容】

1. 将实验素材文件夹中的"大学计算机基础书稿初稿素材. docx"文件另存为"大学计算机基础书稿. docx",后续操作均基于该文档。

2. 将文档中所有的"手动换行符号"替换为"段落标记"符号,并删除多余空格。

3. 设置文档纸张大小为"16 开",上、下边距均设为"3 厘米",左边距设为"2 厘米",右边距设为"2.5 厘米",要求每页"39 行",每行"39 字"。

4. 为文档添加一个封面,如样张所示,并使其独占一页。

5. 按照表 6-1 的要求格式化文档。

表 6-1　格式化文档

样式名称	素材样式	目标样式
一级标题	类似第一章、第二章等红色标注部分	黑色、小三号、黑体、加粗;双倍行距、段前段后各一行、居中;一级标题;每个一级标题另起一页
二级标题	类似 1.1、1.2 等蓝色标注部分	黑色、四号、宋体、加粗;双倍行距,左对齐;二级标题
三级标题	类似 1.1.1、1.1.2 等绿色标注部分	黑色、小四号、宋体、加粗;单倍行距,左对齐;三级标题
书稿正文	正文部分	黑色、小四号、宋体;行距固定值为"22 磅"、首行缩进 2 字符;正文

6. 在封面和正文之间插入目录,要求显示三级标题。

7. 为文档添加页眉页脚,其中奇数页页眉为"大学计算机基础",偶数页页眉为各章标题,均"居中对齐";页脚为页码,从正文第一章开始为"第 1 页",奇数页页码为"右对齐",偶数页页码为"左对齐",页码格式为" - 1 - "。

8. 将文档 3.1.1 节中的表格转化为"三线表",并加表格题注"表 3-1　常用数制表","黑体""小五号""加粗""居中",题注位于表格上方。

9. 将文档"5.2.4"节图片中的公式利用"公式编辑器"重新编辑,并替换原图片。

10. 在文档"6.2"节提示位置插入素材中的图片,并加图片题注"图 6-1　局域网示例图","黑体""小五号""加粗""居中",题注位于图片下方。

11. 保存文档。

【实验步骤】

1. 将实验素材文件夹中的"大学计算机基础书稿初稿素材.docx"文件另存为"大学计算机基础书稿.docx"。其操作步骤如下:

打开文件"大学计算机基础书稿初稿素材.docx",单击【文件】功能区的【另存为】按钮,打开【另存为】对话框,在【文件名】中输入"大学计算机基础书稿.docx",单击【保存】按钮。

2. 将文档中所有的"手动换行符号"替换为"段落标记"符号,并删除多余空格。其操作步骤如下:

步骤一:单击【开始】功能区,在【编辑】功能组中单击【替换】按钮,打开【查找和替换】对话框,选择【替换】选项卡,并单击【更多】按钮。

步骤二:将光标置于【查找内容】文本框中,单击【特殊格式】按钮,选择"手动换行符",将光标置于【替换为】文本框中,鼠标单击【特殊格式】按钮,选择"段落标记",单击【查找下一处】按钮后,再单击【全部替换】按钮。

步骤三:利用同样的方法,在【查找内容】中输出"空格"符号,在【替换为】中不输入任何内容,即可删除全部空格。

3. 设置文档纸张大小为"16 开",上、下边距均设为"3 厘米",左边距设为"2 厘米",右边距设为"2.5 厘米",要求每页"39 行",每行"39 字"。其操作步骤如下:

步骤一:单击【页面布局】功能区,单击【页面设置】功能组中的【页面设置】对话框启动按钮,打开【页面设置】对话框。

步骤二:单击【纸张】选项卡,在【纸张大小】中选择"16 开"。

步骤三:单击【页边距】选项卡,分别设置页面页边距:上、下边距均设为"3 厘米",左边距设为"2 厘米",右边距设为"2.5 厘米"。

步骤四:单击【文档网格】选项卡,在【网格】组中选择【指定行和字符网格】,并分别在【字符数】和【行数】中输入"39",单击【确定】按钮。

4. 为文档添加一个封面,如样张所示,并使其独占一页。其操作步骤如下:

步骤一:单击【插入】功能区,在【页】功能组中单击【封面】按钮,在弹出的快捷菜单中选择"透视"型封面。

步骤二:参考素材中的封面样张,在封面相应位置输入文字和图片,并适当调整格式。

5. 按照表 6-1 的要求格式化文档。其操作步骤如下:

步骤一:单击【开始】功能区,单击【样式】功能组右下角的【样式】对话框启动按钮,打开样式对话框。

步骤二:单击【样式】对话框下方最左侧的【新建样式】按钮,打开【根据格式设置创建新样式】对话框。

步骤三:在【属性】组的【名称】栏中输入"一级标题",在【样式类型】中选择"段落",在【样式基准】中选择"标题1",在【后续段落样式】中选择"正文"。

步骤四:单击【格式】按钮,在弹出的快捷菜单中分别选择【字体】和【段落】,按照要求设置一级标题的字体格式和段落格式,单击【确定】按钮。

步骤五:按照上述方法,分别创建"二级标题""三级标题"和"书稿正文"的样式。

步骤六:依次选中文档中"第一章""第二章"等(红色标注部分)标题行,单击【开始】功能区,在【样式】功能组中单击"一级标题"图标。

步骤七:依次选中文档中"1.1""1.2"等(蓝色标注部分)标题行,单击【开始】功能区,在【样式】功能组中单击"二级标题"图标。

步骤八:依次选中文档中"1.1.1""1.1.2"等(绿色标注部分)标题行,单击【开始】功能区,在【样式】功能组中单击"三级标题"图标。

步骤九:选择正文任意一段文字,单击【开始】功能区,在【编辑】功能组中单击【选择】按钮,在弹出的快捷菜单中选择【选定所有格式类似的文本】选项,在【样式】功能组中单击"书稿正文"图标。

6. 在封面和正文之间插入目录,要求显示三级标题。其操作步骤如下:

步骤一:将光标置于"第一章"的前一行,单击【页面布局】功能区,在【页面设置】功能组中单击【分隔符】按钮,在弹出的对话框中,选择【分节符】中的【下一页】。

步骤二:将光标定位到新插入的空白页的第一行,单击【引用】功能区,在【目录】功能组中单击【目录】按钮,在弹出的快捷菜单中选择"自动目录1"。

步骤三:完成实验后续所有操作后,鼠标右键单击目录,在弹出的快捷菜单中选择【更新域】,在其对话框中选择【更新整个目录】,单击【确定】按钮即可更新目录。

7. 为文档添加页眉和页脚,其中奇数页页眉为"大学计算机基础",偶数页页眉为各章标题,均"居中对齐";页脚为页码,从正文第一章开始为"第1页",奇数页页码为"右对齐",偶数页页码为"左对齐",页码格式为"-1-"。其操作步骤如下:

步骤一:分别将光标定位到"第一章""第二章"等一级标题前,单击【页面布局】功能区,在【页面设置】功能组中单击【分隔符】按钮,在弹出的对话框中,选择【分节符】中的【下一页】。

步骤二:单击【插入】功能区,在【页眉和页脚】功能组中单击【页眉】按钮,在弹出的快捷菜单中选择【编辑页眉】,此时光标自动定位到页眉编辑区,并出现上下文功能区选项【页眉和页脚工具】。

步骤三:将光标定位到"第一章"首页的页眉处,单击【页眉和页脚工具】功能区的【设计】选项卡,在【选项】功能组中选择【奇偶页不同】,在【导航】功能组中单击【链接到前一条页眉】按钮,此时页眉右侧显示的"与上一节相同"消失。

步骤四:将光标定位到"第一章"奇数页的页眉处,输入"大学计算机基础",并设置其居中显示;再将光标定位到"第一章"偶数页的页眉处,单击【页眉和页脚工具】功能区的【设计】选项卡,在【插入】功能组中单击【文档部件】按钮,在弹出的快捷菜单中选择【域】,在弹出的对话框的【类别】中选择【链接和引用】,在【域名】中选择"styleRef",在【样式名】中选择"一级标题"。

步骤五:分别将光标定位到"第二章"等其他一级标题的首页页眉处,重复上述步骤即可完成文档正文页眉设置。

步骤六:将光标定位到"第一章"奇数页的页脚处,单击【页眉和页脚工具】功能区的【设计】选项卡,在【导航】功能组中单击【链接到前一条页眉】按钮,在【页眉和页脚】功能组中单击【页码】,在弹出的快捷菜单中选择【设置页面格式】,在弹出的对话框的【编号格式】中选择"-1-,-2-",选择【页码编号】中的"起始页码",并输入"1",单击【确定】按钮。

步骤七:在【页眉和页脚】功能组中单击【页码】按钮,在弹出的快捷菜单中选择【页面底端】,在二级菜单中选择【普通数字1】,并设置为"右对齐"。

步骤八:将光标定位到"第一章"偶数页的页脚处,按上述方法设置页码格式为"-1-,-2-"类型,在【页眉和页脚】功能组中单击【页码】按钮,在弹出的快捷菜单中选择【页面底端】,在二级菜单中选择【普通数字1】,并设置为"左对齐"。

步骤九:将光标定位到文档中"目录"页和"封面"页的"页眉"和"页脚"部分,删除其内容。

8.将文档"3.1.1"节中的表格转化为"三线表",并加表格题注"表3-1　常用数制表","黑体""小五号""加粗""居中",题注位于表格上方。其操作步骤如下:

步骤一:选择文档3.1.1节中的表格,右键单击表格,在弹出的快捷菜单中选择【插入题注】,在【题注】对话框中单击【新建标签】按钮,在弹出的对话框中输入"表3-1",单击【确定】按钮,在【题注】对话框的题注中增加输入"常用数制表",在【位置】中选择【所选项目上方】,单击【确定】按钮;选择表格题注,设置其字体格式和对齐格式。

步骤二:选中表格,单击鼠标右键,在弹出的快捷菜单中选择【边框和底纹】,打开【边框和底纹】对话框,选择【边框】选项卡,在【预览】中分别单击"中间横线"按钮和所有"竖线"按钮,取消表格中的中间横线和所有竖线,单击【确定】按钮。

步骤三:选中表格第一行,单击鼠标右键,在弹出的快捷菜单中选择【边框和底纹】,选择【边框】选项卡,在【预览】中单击【下方横线】按钮,单击【确定】按钮。

9.将文档"5.2.4"节图片中的公式利用"公式编辑器"重新编辑,并替换原图片。其操作步骤如下:

步骤一:将光标定位到文档"5.2.4"节中图片的位置,并设置该行行距为"单倍行距",并增加一空白行。

步骤二:单击【插入】功能区,在【符号】功能组中单击【公式】按钮,在弹出的快捷菜单中选择【插入新公式】,此时会出现上下文级联功能区【公式工具】。

步骤三:按照图片内容,分别选择【符号】和【结构】功能组中的符号编辑公式。

步骤四:公式编辑结束后,选择图片,并删除。

10.在文档"6.2"节提示位置插入素材中的图片,并加图片题注"图6-1　局域网示例图","黑体""小五号""加粗""居中",题注位于图片下方。其操作步骤如下:

步骤一：将光标定位到文档"6.2"节中的提示位置，删除提示内容，并增加一个空白行。

步骤二：将光标定位到空白行，设置该行行距为"单倍行距"。

步骤三：将素材中的图片插入光标所在位置，并设置"居中"显示。

步骤四：按照上述8中的步骤一，设置图片标注，只需在【位置】中选择"所选项目下方"即可，其他操作不变。

11. 保存文档。

实验 7 Excel 2010 基本操作

【实验目的】

1. 熟悉 Excel 2010 工作簿的启动及保存。
2. 掌握 Excel 2010 工作表的编辑和格式化。
3. 掌握 Excel 2010 工作表中数据的输入、编辑及格式化。

【实验内容】

1. 新建 Excel 文件，文件名为 e1. xlsx，将工作表 Sheet1 重命名为"工资表"，并将该工作表的标签颜色改为红色。

2. 在"工资表"中 A1 单元格开始的位置录入表 7-1 中的内容。

表 7-1　工资表

姓　名	存折号	性　别	出生年月	籍　贯	基本工资/元
唐一维	0801009	男	1986.11	四川南充	5 868.5
李天国	0301001	男	1987.02	四川仪陇	5 713
潘　路	0701002	男	1987.1	重庆梁平	5 839
彭良超	9901001	男	1986.05	重庆梁平	3 340
蒲翼成	0301013	男	1990.11	重庆南川	2 620
李　红	1001008	女	1990.08	重庆武隆	2 920
杜玉霞	1001003	女	1988.07	四川泸州	2 495
孙　敏	0701023	女	1987.03	浙江富阳	7 618.4
谭光辉	0801011	男	1998.04	重庆开州	7 706.8
陈正果	0203007	男	1999.03	重庆江津	8 290.9
侯　尧	0403012	男	1997.04	重庆涪陵	10 474
豆孝龙	0403007	男	1997.09	河南商丘	6 335.8

3. 对"工资表"中的各列进行数字格式设置，其中"存折号"列设置为文本，"出生年月"列设置为日期，格式为"YYYY 年 MM 月"，"基本工资"列设置为货币，保留两位小数。

4. 在表格左侧新增一列，列标题为"序号"，数字格式为文本，并用"001，002，…"自动填充。

5. 在表格上方新增一行,在 A1 单元格中录入文字"师范学校员工信息表",合并单元格并居中对齐,作为整个表格的标题。

6. 将表格标题设置为"水平居中""黑体""16 磅""红色""加粗"。将表格数据区域字体设置为"宋体""14 磅""水平居中""加边框"。将表格所有列标题文字设置为"加粗"。

7. 将表格标题所在行的行高设置为"30 磅",其余行高设置为"18 磅",列宽设置为"自动调整"。

8. 将"基本工资"值小于 3 000 的单元格用黄色填充,并将字体设置为"红色""加粗"。

9. 选择区域 B2:G14,将该区域命名为"表 1",将"表 1"区域中数据的"值"和"数字格式"复制到 Sheet2 自 A1 开始的区域,并套用表格样式"中等深浅 15",将 Sheet2 重命名为"工资表 2"。

10. 将"工资表"工作表中的数据调整到一个打印页内,页面设置为"水平居中",设置页眉为"工资总表",页脚居中位置插入页码。

11. 保存文档。

【实验步骤】

1. 新建 Excel 文件,文件名设为 e1. xlsx,将工作表 Sheet1 重命名为"工资表",并将该工作表的标签颜色改为红色。其操作步骤如下:

步骤一:新建 Excel 文件,文件名设为 e1. xlsx,方法有 3 种(与 Word 相同)。

步骤二:打开 e1. xlsx 文件,默认有 3 张工作表分别是 Sheet1,Sheet2 和 Sheet3,双击工作表标签"Sheet1",或右键单击工作表标签"Sheet1",在快捷菜单中选择【重命名】选项,输入文字"工资表"即可。

步骤三:右键单击工作表名"工资表",在快捷菜单中选择【工作表标签颜色】,并选择颜色为"红色"。

2. 在"工资表"中 A1 单元格开始的位置录入表 7-1 中的内容。其操作步骤如下:

将光标定位到工作表"工资表"的 A1 单元格,录入数据。

3. 对"工资表"中的各列进行数字格式设置,其中"存折号"列设置为文本,"出生年月"列设置为日期,格式为"YYYY 年 MM 月","基本工资"列设置为货币,保留两位小数。其操作步骤如下:

步骤一:选择 B 列单元格,单击【开始】选项卡【数字】组的对话框启动器按钮,弹出"设置单元格格式"对话框,在"数字"选项卡的"分类"中选择"文本",单击【确定】按钮。

步骤二:选择 D 列单元格,单击【开始】选项卡【数字】组的对话框启动器按钮,弹出"设置单元格格式"对话框,在"数字"选项卡的"分类"中选择"日期"选项,在右侧的"示例"组中"类型"列表框中选择"2001 年 3 月",设置完毕后单击【确定】按钮。

步骤三:选择 F 列单元格,单击【开始】选项卡【数字】组的对话框启动器按钮,弹出"设置单元格格式"对话框,在"数字"选项卡的"分类"中选择"货币"选项,在右侧的"示例"组中"小数位数"微调框输入"2",设置完毕后单击【确定】按钮。

4. 在表格左侧新增一列,列标题为"序号",数字格式为文本,并用"001,002,…"自动填充。其操作步骤如下：

步骤一：选中"姓名"所在列 A 列，单击右键，在弹出的列表中选择"插入"选项，随即在左侧插入一列。

步骤二：在 A1 单元格输入"序号"二字。

步骤三：选择 A 列单元格，单击【开始】选项卡【数字】组的对话框启动器按钮，弹出"设置单元格格式"对话框，在"数字"选项卡的"分类"中选择"文本"，单击【确定】按钮。

步骤四：在 A2 单元格输入"001"，在 A3 单元格输入"002"。

步骤五：选择 A2 和 A3 两个单元格，拖动右下角的智能填充柄到最后一个数据行。

5. 在表格上方新增一行，在 A1 单元格中录入文字"师范学校员工信息表"，合并单元格并居中对齐，作为整个表格的标题。其操作步骤如下：

步骤一：选择表格列标题行第 1 行单元格，单击右键，在弹出的列表中选择"插入"选项，随即在上方插入一行。

步骤二：在 A1 单元格中录入文字"师范学校员工信息表"。

步骤三：选中 A1:G1 单元格，单击【开始】选项卡下【对齐方式】组中的"合并后居中"按钮，即可一次完成合并、居中两个操作。

6. 将表格标题设置为"水平居中""黑体""16 磅""红色""加粗"。将表格数据区域字体设置为"宋体""14 磅""水平居中""加边框"。将表格所有列标题文字设置为"加粗"。其操作步骤如下：

步骤一：选中第 1 行合并之后的单元格，在【开始】选项卡下【字体】组中选择【字体】为"黑体"，【字号】为"16"，【颜色】为"红色"，【字型】为"加粗"。

步骤二：选择 A2:G14 单元格所在区域。

步骤三：在【开始】选项卡下【字体】组中选择【字体】为"宋体"，【字号】为"14"。

步骤四：在【开始】选项卡下【对齐方式】组中选择"居中"。

步骤五：单击【开始】选项卡【数字】组的对话框启动器按钮。弹出"设置对话框格式"对话框，切换到"边框"选项卡，设置"外边框"和"内部"。

步骤六：选择 A2:G2 单元格，在【开始】选项卡下【字体】组中选择【字型】为"加粗"。

7. 将表格标题所在行的行高设置为"30 磅"，其余行高设置为"18 磅"，列宽设置为"自动调整"。其操作步骤如下：

步骤一：选择列标题所在行的第 2 行，在【开始】选项卡下【单元格】组中单击"格式"下拉列表框，选择"行高"命令，在行高对话框中输入"30"。

步骤二：选择第 3 到 14 行，在【开始】选项卡下【单元格】组中单击"格式"下拉列表框，选择"行高"命令，在行高对话框中输入"18"。

步骤三：选择第 A 到 G 列，在【开始】选项卡下【单元格】组中单击"格式"下拉列表框，选择"自动调整列宽"命令即可。

8. 将"基本工资"值小于 3 000 的单元格用黄色填充，并将字体设置为"红色""加粗"。其操作步骤如下：

步骤一：选择 G3:G14 单元格。

步骤二:单击【开始】选项卡【样式】组中的"条件格式"下拉按钮,在弹出的下拉列表框中选择"突出显示单元格规则"中的"小于"选项。弹出"小于"对话框,在该对话框中的文本框中输入数字"3 000",然后单击"设置为"右侧的下三角按钮,在弹出的下拉列表中选择"自定义格式"选项。弹出"设置单元格格式"对话框,在该对话框中切换至"字体"选项卡,将"颜色"设置为"标准色"中的红色,"字型"设置为"加粗",切换至"填充"选项卡,将"背景色"设置为"标准色"中的黄色。单击【确定】按钮,返回"小于"对话框中,再次单击【确定】按钮。

9. 选择区域 B2:G14,将该区域命名为"表 1",将"表 1"区域中数据的"值"和"数字格式"复制到 Sheet2 自 A1 开始的区域,并套用表格样式"中等深浅 15",将 Sheet2 重命名为"工资表 2"。其操作步骤如下:

步骤一:选择区域 B2:G14,在"编辑栏"左侧"名称框"中单击,输入文字"表 1"。

步骤二:选择区域 B2:G14,右键单击选择"复制"选项。

步骤三:选择 Sheet2 工作表的 A1 单元格,右键单击选择"选择性粘贴",在弹出的"选择性粘贴"对话框的"粘贴"组中选择"值和数字格式"选项,单击【确定】按钮。

步骤四:选择 Sheet2 工作表 A1:F13 区域的单元格,单击【开始】选项卡【样式】组中的"套用表格样式"下拉按钮,在弹出的下拉列表中选择"表格样式中等深浅 15",单击【确定】按钮。

步骤五:双击工作表"Sheet2"标签名,输入文字"工资表 2"。

10. 将"工资表"工作表中的数据调整到一个打印页内,页面设置为"水平居中",设置页眉为"工资总表",页脚居中位置插入页码。其操作步骤如下:

步骤一:选择"工资表"中的 A1:G14 区域的单元格。

步骤二:单击【页面布局】选项卡【页面设置】组中的"打印选项"按钮,在下拉列表中选择"设置打印区域"。

步骤三:单击【页面布局】选项卡【页面设置】组的对话框启动器按钮,在弹出的"页面设置"对话框中切换至"页边距"选项卡,在"居中方式"中选择"水平"。切换至"页眉/页脚"选项卡,选择"自定义页眉",在弹出的"自定义页眉"对话框中选择"中",输入文字"工资总表",单击【确定】按钮,将返回到"页面设置"对话框,再单击"自定义页脚"按钮,在弹出的"自定义页眉"对话框中选择"中",插入页码,单击【确定】按钮。返回到"页面设置"对话框后,单击【确定】按钮,完成操作。

11. 保存文档。其操作步骤如下:

同时按下组合键【Ctrl + S】保存文档。

实验 8　Excel 2010 公式及函数

【实验目的】

1. 掌握 Excel 2010 中公式的编辑。
2. 掌握 Excel 2010 中常用函数的基本功能。
3. 掌握 Excel 2010 中单元格地址的不同引用方式。

【实验内容】

1. 打开素材文件夹中名为"第一学期期末成绩素材.xlsx"的 Excel 文件,将其另存为"第一学期期末成绩.xlsx",后续操作均基于该文档。

2. 利用"自定义公式"或者 SUM 和 AVERAGE 函数计算"成绩"工作表中每一个学生的总分及平均成绩,并利用 AVERAGE 函数计算每科成绩的平均分以及总分的平均分。

3. 根据学号,请在"成绩"工作表的"姓名"列中,使用 VLOOKUP 函数完成姓名的自动填充。"姓名"和"学号"的对应关系在"学号对照"工作表中。

4. 学号第 4、5 位代表学生所在的班级,例如,"C120101"代表 1 班。请通过函数提取每个学生所在的专业并按下列对应关系填写在"班级"列中。

"学号"第 4、5 位	对应班级
01	1 班
02	2 班
03	3 班

5. 利用 RANK.EQ 函数计算每个学生平均分的"排名",结果的格式为"第 1 名"。

6. 利用 IF 函数计算每个学生的"总评"值,要求:总分高于总分平均分为"优秀"。

7. 利用 SUMIFS 或者 SUMIF,AVERAGEIFS,COUNT,COUNTIF 等函数计算"统计报告"工作表中对应单元格中的值(其中成绩在 60 分以下为不合格,成绩在 90 分及以上为优秀)。

8. 保存文档。

【实验步骤】

1. 打开素材文件夹中名为"第一学期期末成绩素材.xlsx"的 Excel 文件,将其另存为"第一学期期末成绩.xlsx"。其操作步骤如下:

打开素材文件夹中名为"第一学期期末成绩素材.xlsx"文件,在【文件】选项卡中选择【另存为】选项,打开【另存为】对话框中,在"文件名"中输入"第一学期期末成绩.xlsx",单击【保存】按钮。

2. 利用"自定义公式"或者 SUM 和 AVERAGE 函数计算"成绩"工作表中每一个学生的总分及平均成绩,并利用 AVERAGE 函数计算每科成绩的平均分以及总分的平均分。其操作步骤如下:

步骤一:选择"成绩"工作表中的 H3 单元格,在该单元格内输入" = SUM(D3 : G3)",然后按【回车】键,拖动 H3 单元格右下角的智能填充柄到 H20 单元格完成总分的填充。

步骤二:选择 I3 单元格,在该单元格内输入" = AVERAGE(D3 : G3)"然后按【回车键】,拖动 I3 单元格右下角的智能填充柄到 I20 单元格完成平均分的填充。

步骤三:选择 D21 单元格,在该单元格内输入" = AVERAGE(D3 : D20)"然后按【回车键】,横向拖动 D21 单元格右下角的智能填充柄到 H21 单元格。

3. 根据学号,请在"成绩"工作表的"姓名"列中,使用 VLOOKUP 函数完成姓名的自动填充。"姓名"和"学号"的对应关系在"学号对照"工作表中。其操作步骤如下:

步骤一:选择"成绩"工作表的 B3 单元格,在"编辑栏"内输入" = VLOOKUP( )",单击编辑栏左侧"fx",弹出"函数参数"对话框。

步骤二:在第 1 个参数框中用鼠标选择"A3",第 2 个参数框中选择"学号对照"工作表中的 A3:B20 区域,同时按 F4 功能键切换至"绝对引用",第 3 个参数框中输入"2",第 4 个参数框中输入"0",单击【确定】按钮,拖动 B3 单元格右下角的智能填充柄到 B20 单元格完成姓名的自动填充。

步骤三:本题也可直接在"成绩"工作表的 B3 单元格中输入公式" = VLOOKUP(A3,学号对照! $A$3 : $B$20,2,0)"。

【说明】VLOOKUP 是一个垂直查找函数,给定一个查找的目标,能从指定的查找区域中查找并返回想要查找到的值。

参数 1 为"查找依据";参数 2 为"查找区域";参数 3 为"查找的结果在查询区域中位于第几列";参数 4 为"是否精确查找","0"表示精确查找,"1"表示模糊查找。

4. 学号第 4、5 位代表学生所在的班级,例如,"C120101"代表 1 班。请通过函数提取每个学生所在的专业并按下列对应关系填写在"班级"列中。其操作步骤如下:

在 C3 单元格中输入公式" = MID(A3,5,1)&"班"",按【回车键】,拖动 C3 单元格右下角的智能填充柄到 C20 单元格完成姓名的自动填充。

【说明】MID 函数是取子串函数,功能是从一个文本字符串的指定位置开始,提取指定数目的字符。"&"为强连接符,可以将两个文本字符串连接在一起。

5. 利用 RANK. EQ 函数计算每个学生平均分的"排名",结果的格式为"第 1 名"。其操作步骤如下:

选择"成绩"工作表的 J3 单元格,输入公式""第"& = RANK. EQ(i3, i3 : i20,0)&"名""后,按【回车键】,拖动 J3 单元格右下角的智能填充柄到 J20 单元格完成排名的自动填充。

【说明】RANK. EQ 是排位函数,本题中" = RANK. EQ(i3, i3 : i20,0)"是指求取 i3 在区域 i3:i20 中的降序排列,第 3 个参数"0"表示降序,"1"表示升序。

6.利用 IF 函数计算每个学生的"总评"值,要求:总分高于总分平均分为"优秀"。其操作步骤如下:

选择"成绩"工作表的 K3 单元格,输入公式" = IF(H3 >$H$21,"优秀","")"后,按【回车键】,拖动 K3 单元格右下角的智能填充柄到 K20 单元格完成排名的自动填充。

【说明】IF 为条件测试函数,共有 3 个参数,第一个参数为"条件",函数的结果取决于第一个参数。如果第一个参数的条件成立,则函数结果为第二个参数的值,否则为第三个参数的值。一般情况下,IF 函数多为嵌套出现。

7.利用 SUMIFS 或者 SUMIF,AVERAGEIFS,COUNT,COUNTIF 等函数计算"统计报告"工作表中对应单元格中的值(其中成绩在 60 分以下为不合格,成绩在 90 分及以上为优秀)。其操作步骤如下:

步骤一:选择"统计报告"工作表的 B3 单元格,输入公式" = SUMIFS(成绩!E3:E20,成绩!C3:C20,"2 班")"后,按【回车键】,本题也可用 SUMIF 函数。

步骤二:选择"统计报告"工作表的 B4 单元格,输入公式" = SUMIFS(成绩!E3:E20,成绩!C3:C20,"2 班")"后,按【回车键】。

步骤三:选择"统计报告"工作表的 B5 单元格,输入公式" = AVERAGEIFS(成绩!F3:F20,成绩!C3:C20,"2 班",成绩!L3:L20,"女")"后,按【回车键】。

步骤四:选择"统计报告"工作表的 B6 单元格,输入公式" = COUNTIF(成绩!F3:F20,"<60")/COUNT(成绩!F3:F20)"后,按【回车键】。

步骤五:选择"统计报告"工作表的 B7 单元格,输入公式" = COUNTIF(成绩!E3:E20,"> =90")/COUNT(成绩!E3:E20)"后,按【回车键】。

【说明】SUM 为求和函数、SUMIF 为条件求和函数、SUMIFS 为多条件求和函数。其中,SUMIFS 函数的参数设置如下:

SUMIFS(求和区域,条件区域1,条件1,…,条件区域n,条件n)。

COUNT 函数功能为计算参数列表中的数字项的个数;COUNTIF 函数功能为计算参数列表中满足指定条件的数字项的个数。

8.保存文档。其操作步骤如下:

同时按下组合键【Ctrl + S】保存文档。

实验 *9* Excel 2010 数据的图表化及数据处理

【实验目的】

1. 掌握 Excel 图表的建立、修改与编辑。
2. 掌握排序、筛选和分类汇总操作。
3. 掌握数据透视表的创建。

【实验内容】

1. 打开素材文件夹中名为"工资表素材.xlsx"的 Excel 文件,将其另存为"工资表.xlsx",后续操作均基于该文档。

2. 自定义公式计算"工资明细"工作表中"实发工资"列的值,其中,实发工资 = 基本工资 + 奖金 − 应扣工资。

3. 在"工资明细"之后,为"工资明细"工作表建立两个副本文件,工作表名分别是"筛选"和"分类汇总"。

4. 对"工资明细"工作表中的数据进行排序操作,首先按照"性别"升序,"性别"相同则按照"实发工资"降序。

5. 对"筛选"工作表进行自动筛选,要求:筛选出所有"一车间"的女职工。

6. 对"工资明细"工作表进行高级筛选,将"性别"为"女""基本工资"大于 3 000 元的职工筛选出来,将结果放置在"筛选"工作表中。要求:高级筛选中编辑的"条件区域"以及结果都放置在"筛选"工作表中,"条件区域"和"数据区域"之间空两行,结果和"条件区域"之间空两行。

7. 对"分类汇总"工作表中的数据按"单位"字段分类,汇总"实发工资"之和。并将分类汇总之后的结果生成"三维饼图"图表,数据标签显示"类别名称"和"百分比",标签位置为"数据标签外"。

8. 为工作表"工资明细"中的数据创建一个数据透视表,放置在一个名为"数据透视分析"的新工作表中。其中,单位为行标签,性别为列标签,并对实发工资求平均值。最后对数据透视表进行格式设置,使其更加美观。

9. 保存文档。

【实验步骤】

1. 打开素材文件夹中名为"工资表素材.xlsx"的 Excel 文件,将其另存为"工资表.xlsx"。

其操作步骤如下：

打开素材文件夹中名为"工资表素材.xlsx"文件，在【文件】选项卡中选择【另存为】选项，打开【另存为】对话框，在"文件名"中输入"工资表.xlsx"，单击【保存】按钮。

2. 自定义公式计算"工资明细"工作表中"实发工资"列的值，其中，实发工资＝基本工资＋奖金－应扣工资。其操作步骤如下：

步骤一：选择"工资明细"工作表中的 G2 单元格，在该单元格内输入公式"＝D2＋E2－F2"，然后按【回车键】。

步骤二：拖动 G2 单元格右下角的智能填充柄到 G15 单元格完成实发工资的填充。

3. 在"工资明细"之后，为"工资明细"工作表建立两个副本文件，工作表名分别是"筛选"和"分类汇总"。其操作步骤如下：

步骤一：在工作表"工资明细"的标签上单击右键，选择"移动或复制"命令，打开"移动或复制工作表"对话框。

步骤二：在对话框的"下列选定工作表之前"列表框中选择"Sheet2"，勾选"建立副本"复选框，单击【确定】按钮完成工作表的复制。

步骤三：双击复制之后的工作表"工资明细(2)"标签，输入文字"筛选"完成新工作表的重命名。

步骤四：重复步骤一、二、三，复制工作表"工资明细"至"筛选"工作表之后，并重命名为"分类汇总"。

4. 对"工资明细"工作表中的数据进行排序操作，首先按照"性别"升序，"性别"相同则按照"实发工资"降序。其操作步骤如下：

步骤一：选中"工资明细"工作表数据区域的任一单元格，单击【数据】选项卡下【排序和筛选】组的【排序】按钮，弹出"排序"对话框，设置"主要关键字"为"性别"，"次序"为"升序"。

步骤二：单击"排序"对话框左上角的"添加条件"按钮，设置"次要关键字"为"实发工资"，"次序"为"降序"。单击【确定】按钮完成排序。

5. 对"筛选"工作表进行自动筛选，要求：筛选出所有"一车间"的女职工。其操作步骤如下：

步骤一：选择"筛选"工作表的 A1:G1 区域的任一单元格，单击【排序和筛选】组的【筛选】按钮，数据区域每个列标题自动添加了下拉列表按钮。

步骤二：单击列标题"单位"右侧的下拉列表按钮，单击"全选"复选框取消选定，勾选"一车间"复选框，完成"单位"为"一车间"的记录筛选。

步骤三：单击列标题"性别"右侧的下拉列表按钮，单击"全选"复选框取消选定，勾选"女"复选框，完成"性别"为"女"的记录筛选。

6. 对"工资明细"工作表进行高级筛选，将"性别"为"女""基本工资"大于 3 000 元的职工筛选出来，将结果放置在"筛选"工作表中。要求：高级筛选中编辑的"条件区域"以及结果都放置在"筛选"工作表中，"条件区域"和"数据区域"之间空两行，结果和"条件区域"之间空两行。其操作步骤如下：

步骤一:在"筛选"工作表 A18 单元格中输入"性别",在 B18 单元格中输入"基本工资",在 A19 单元格中输入"女",在 B19 单元格中输入"＞3 000",完成"高级筛选"中"条件区域"值的输入。

步骤二:单击【数据】选项卡下【排序和筛选】组中的"高级"按钮,弹出"高级筛选"对话框,选中"将筛选结果复制到其他位置",单击"列表区域"后的"折叠对话框"按钮,选择列表区域"工资明细!\$A\$1∶\$G\$15",单击"条件区域"后的"折叠对话框"按钮,选择"条件区域"" \$A\$18∶\$B\$19",单击"复制到"后的"折叠对话框"按钮,选择单元格 A22,按【回车键】展开"高级筛选"对话框,最后单击【确定】按钮完成高级筛选。

7. 对"分类汇总"工作表中的数据按"单位"字段分类,汇总"实发工资"之和。并将分类汇总之后的结果生成"三维饼图"图表,数据标签显示"类别名称"和"百分比",标签位置为"数据标签外"。其操作步骤如下:

步骤一:选中"分类汇总"工作表数据区域的任一单元格,单击【数据】选项卡下【排序和筛选】组的【排序】按钮,弹出"排序"对话框,设置"主要关键字"为"单位","次序"为"升序"。

步骤二:选择工作表"分类汇总"的 A1∶G15 数据区域,单击【数据】选项卡下【分级显示】组中的"分类汇总"按钮。

步骤三:弹出"分类汇总"对话框,单击"分类字段"组中的下拉按钮,选择"单位"选项,单击"汇总方式"组中的下拉按钮,选择"求和"选项,在"选定汇总项"组中勾选"实发工资"复选框,单击【确定】按钮。

步骤四:选中工作表"分类汇总"的 A1∶G22 数据区域,在【数据】选项卡的【分级显示】组中单击"隐藏明细数据"按钮,此时,表格中只显示汇总后的数据条目。

步骤五:选择 C1∶C19 数据区域,按住【Ctrl】键,加选 G1∶G19 区域,单击【插入】选项卡【图表】组中的"饼图"下拉按钮,在下拉列表中选择"三维饼图"图表样式,此时,会在当前工作表中生成一个图表。

步骤六:选中图表,在【图标工具】选项卡中【布局】选项卡的【标签】组中单击下拉列表按钮,选择"其他数据标签选项",弹出的"设置数据标签格式"对话框,在"标签包括"选项中选择"类别名称""百分比"复选框,在"标签位置"选项中选择"数据标签外"单选按钮,单击【关闭】按钮完成图表格式化。

【说明】"分类汇总"之前,必须按照分类字段对数据表中的数据进行排序。

8. 为工作表"工资明细"中的数据创建一个数据透视表,放置在一个名为"数据透视分析"的新工作表中。其中,单位为行标签,性别为列标签,并对实发工资求平均值。最后对数据透视表进行格式设置,使其更加美观。其操作步骤如下:

步骤一:选中"工资明细"工作表的数据区域 A1∶G15,单击【插入】选项卡下【表格】组中的"数据透视表"下拉按钮,在下拉列表中选择"数据透视表",弹出"创建数据透视表"对话框。采用默认设置,单击【确定】按钮。

步骤二:将新工作表重命名为"数据透视分析",将右侧的"数据透视表字段列表"任务窗格中的"单位"字段拖动到"行标签"中,将"性别"字段拖动到"列标签"中,将"实发工资"

字段拖动到"数值"中,单击"求和项:实发工资"的下拉列表按钮,在下拉列表中选择"值字段设置",弹出"值字段设置"对话框,将"值字段汇总方式"设置为"平均值",单击【确定】按钮,完成数据透视表的创建。

步骤三:选中数据透视表的 B,C,D 列,单击【开始】选项卡【数字】组的对话框启动器按钮,弹出"设置单元格格式"对话框,在"数字"选项卡的"分类"中选择"数值"选项,在右侧的"示例"组中"小数位数"微调框输入"2",设置完毕后单击【确定】按钮。

9.保存文档。其操作步骤如下:

同时按下组合键【Ctrl＋S】保存文档。

实验 10 Excel 2010 综合应用

【实验目的】

掌握 Excel 2010 的所有常用功能。

【实验内容】

1. 打开素材文件夹中名为"销售明细表素材. xlsx"的 Excel 文件,将其另存为"销售明细表. xlsx",后续操作均基于该文档。

2. 在工作表"Sheet1"中,从 B3 单元格开始,导入"数据源. txt"中的数据,并将工作表名称改为"销售记录"。

3. 在"销售记录"工作表的 A3 单元格中输入文字"序号",从 A4 单元格开始,为每笔销售记录插入"001,002,003,…"格式的序号;在 E3 和 F3 单元格中,分别输入文字"价格"和"金额";对标题行区域 A3:F3 应用单元格的上框线和下框线,对数据区域的最后一行 A891:F891 应用单元格的下框线;其他单元格无边框线;不显示工作表的网格线。

4. 在"销售记录"工作表的 A1 单元格中输入文字"2012 年销售数据",并使其显示在 A1:F1 单元格区域的正中间;将"标题"单元格样式的字体修改为"微软雅黑",并应用于 A1 单元格中的文字内容;隐藏第 2 行。

5. 在"销售记录"工作表的 E4:E891 中,应用"VLOOKUP"函数输入 C 列所对应的产品价格,价格信息可在"价格表"工作表中进行查询;然后将填入的产品价格设为货币格式,并保留零位小数。

6. 在"销售记录"工作表的 F4:F891 中,计算每笔订单记录的金额,并应用货币格式,保留零位小数,计算规则为:金额 = 价格×数量×(1-折扣百分比),折扣百分比由订单中的订货数量和产品类型决定,可以在"折扣表"工作表中进行查询(提示:为方便计算,可对"折扣表"工作表中表格的结构进行调整)。

7. 将"销售记录"工作表的 A3:F891 中所有记录居中对齐,同时将发生在周六和周日的销售记录的单元格的填充颜色设为黄色。

8. 在名为"销售量汇总"的新工作表中自 A3 单元格开始创建数据透视表,按照月份和季度对"销售记录"工作表中的 3 种产品的销售数量进行汇总(样式参考素材文件夹中的图片"数据透视表样图")。

9. 在"销售汇总"工作表右侧创建一个新的工作表,名称为"大额订单";在这个工作表中使用高级筛选功能,筛选出"销售记录"工作表中产品 A 数量在 1 550 以上、产品 B 数量在 1 900 以上及产品 C 数量在 1 500 以上的记录(请将条件区域放置在 1~4 行,筛选结果放置在从 A6 单元格开始的区域)。

10. 保存文档。

【实验步骤】

1. 打开素材文件夹中名为"销售明细表素材. xlsx"的 Excel 文件,将其另存为"销售明细表. xlsx"。其操作步骤如下:

打开素材文件夹中名为"销售明细表素材. xlsx"文件,在【文件】选项卡中选择【另存为】选项,打开【另存为】对话框,在"文件名"中输入"销售明细表. xlsx",单击【保存】按钮。

2. 在工作表"Sheet1"中,从 B3 单元格开始,导入"数据源. txt"中的数据,并将工作表名改为"销售记录"。其操作步骤如下:

步骤一:选中"Sheet1"工作表中的 B3 单元格,单击【数据】选项卡下【获取外部数据】工作组中的"自文本"按钮,弹出"导入文本文件"对话框,选择素材文件夹下的"数据源. txt"文件,单击【导入】按钮。

步骤二:在弹出的"文本导入向导-第 1 步,共 3 步"对话框中,采用默认设置,单击【下一步】按钮,在弹出的"文本导入向导-第 2 步,共 3 步"对话框中,采用默认设置,继续单击【下一步】按钮。

步骤三:进入"文本导入向导-第 3 步,共 3 步"对话框,在"数据预览"选项卡组中,选中"日期"列,在"列数据格式"选项组中,设置"日期"列格式为"YMD",按照同样的方法设置"类型"列数据格式为"文本",设置"数量"列数据格式为"常规",单击【完成】按钮。

步骤四:弹出"导入数据"对话框,采用默认设置,单击【确定】按钮。

步骤五:双击"Sheet1",输入工作表名称"销售记录"。

3. 在"销售记录"工作表的 A3 单元格中输入文字"序号",从 A4 单元格开始,为每笔销售记录插入"001,002,003,…"格式的序号;在 E3 和 F3 单元格中,分别输入文字"价格"和"金额";对标题行区域 A3:F3 应用单元格的上框线和下框线,对数据区域的最后一行 A891:F891 应用单元格的下框线;其他单元格无边框线;不显示工作表的网格线。其操作步骤如下:

步骤一:选中"销售记录"工作表的 A3 单元格,输入文本"序号"。

步骤二:选中 A4 单元格,在单元格中输入"001",选中 A5 单元格输入"002",同时选中 A4 和 A5 单元格,双击右下角的填充柄,自动填充到 A891 单元格。

步骤三:选中 E3 单元格,输入文本"价格";选中 F3 单元格,输入文本"金额"。

步骤四:选中标题 A3:F3 单元格区域,单击【开始】选项卡下【字体】组中的"框线"按钮,在下拉列表框中选择"上下框线"。

步骤五:选择数据区域的最后一行 A891:F891,单击【开始】选项卡下【字体】组中的"框线"按钮,在下拉列表框中选择"下框线"。

步骤六:单击【视图】选项卡【显示】组中"网格线"复选框,取消勾选。

4. 在"销售记录"工作表的 A1 单元格中输入文字"2012 年销售数据",并使其显示在

A1:F1 单元格区域的正中间;将"标题"单元格样式的字体修改为"微软雅黑",并应用于 A1 单元格中的文字内容;隐藏第 2 行。其操作步骤如下:

步骤一:选中"销售记录"工作表的 A1 单元格,输入文字"2012 年销售数据"。

步骤二:选择"销售记录"工作表的 A1:F1 单元格区域,单击右键,在弹出的快捷菜单中选择"设置单元格格式"命令,弹出"设置单元格格式"对话框,选择"对齐"选项卡,在"水平对齐"列表框中选择"跨列居中",单击【确定】按钮。

步骤三:选择"销售记录"工作表的 A1:F1 单元格区域,单击【开始】选项卡下【字体】组中的"字体"下拉列表框,选择"微软雅黑"。

步骤四:使用鼠标选中第 2 行,右键单击,在弹出的快捷菜单中选择"隐藏"命令。

5. 在"销售记录"工作表的 E4:E891 中,应用"VLOOKUP"函数输入 C 列所对应的产品价格,价格信息可在"价格表"工作表中进行查询;然后将填入的产品价格设为货币格式,并保留零位小数。其操作步骤如下:

步骤一:选中"销售记录"工作表的 E4 单元格,在单元格中输入公式" = VLOOKUP(C4,价格表!$B$2: $C$5,2,0)",输入完成后按【回车键】确认。

步骤二:拖动 E4 单元格的填充柄,填充到 E891 单元格。

步骤三:选中 E4:E891 单元格区域,右键单击,在弹出的快捷菜单中选择"设置单元格格式"命令,弹出"设置单元格格式"对话框,选择"数字"选项卡,在"分类"列表框中选择"货币",并将右侧的小数位数设置为"0",单击【确定】按钮。

6. 在"销售记录"工作表的 F4:F891 中,计算每笔订单记录的金额,并应用货币格式,保留零位小数,计算规则为:金额 = 价格×数量×(1 − 折扣百分比),折扣百分比由订单中的订货数量和产品类型决定,可以在"折扣表"工作表中进行查询(提示:为方便计算,可对"折扣表"工作表中表格的结构进行调整)。其操作步骤如下:

步骤一:选择"折扣表"工作表中的 B2:E6 数据区域,按组合键【Ctrl + C】复制该区域。

步骤二:选中 B8 单元格,右键单击,在弹出的右键快捷菜单中选择"选择性粘贴"命令,在右侧出现的级联菜单中选择"粘贴"组中的"转置"命令,将原表的行和列进行互换。

步骤三:选中"销售记录"工作表的 F4 单元格,在单元格中输入公式:" = D4 * E4 * (1 − VLOOKUP(C4,折扣表!$B$9: $F$11,IF(D4 < 1 000,2,IF(D4 < 1 500,3,IF(D4 < 2 000,4,5))))))",输入完成后按【回车键】确认输入。

步骤四:拖动 F4 单元格的填充柄,填充到 F891 单元格。

步骤五:选中"销售记录"工作表的 F4:F891 单元格区域,右键单击,在弹出的快捷菜单中选择"设置单元格格式"命令,弹出"设置单元格格式"对话框,选择"数字"选项卡,在"分类"列表框中选择"货币",并将右侧的小数位数设置为"0",单击【确定】按钮。

7. 将"销售记录"工作表的 A3:F891 中所有记录居中对齐,同时将发生在周六和周日的销售记录的单元格的填充颜色设为黄色。其操作步骤如下:

步骤一:选中"销售记录"工作表的 A3:F891 单元格区域。

步骤二:单击【开始】选项卡下【对齐方式】组中的【居中】按钮。

步骤三:选中表格 A4:F891 数据区域,单击【开始】选项卡下【样式】组中的"条件格式"

按钮,在下拉列表中选择"新建规则",弹出"新建格式规则"对话框,在"选择规则类型"列表框中选择"使用公式确定要设置格式的单元格",在下方的"为符合此公式的值设置格式"文本框中输入公式"= OR(WEEKDAY($B4,2)=6,WEEKDAY($B4,2)=7)",单击"格式"按钮。

步骤四:在弹出的"设置单元格格式"对话框中,切换到"填充"选项卡,选择填充颜色为"黄色",单击【确定】按钮。

8. 在名为"销售量汇总"的新工作表中自 A3 单元格开始创建数据透视表,按照月份和季度对"销售记录"工作表中的 3 种产品的销售数量进行汇总(样式参考素材文件夹中的图片"数据透视表样图")。其操作步骤如下:

步骤一:单击"折扣表"工作表后面的"插入工作表"按钮,添加一张新的"Sheet1"工作表,双击"Sheet1"工作表标签,输入文字"销售量汇总"。

步骤二:在"销售量汇总"工作表中选中 A3 单元格。

步骤三:单击【插入】选项卡下【表格】组中的"数据透视表"按钮,在下拉列表中选择"数据透视表"。弹出"创建数据透视表"对话框,在"表/区域"文本框中选择数据区域"销售记录!$A$3:$F$891",其余采用默认设置,单击【确定】按钮。

步骤四:将右侧的"数据透视表字段列表"任务窗格中的"日期"字段拖动到"行标签"中,将"类型"字段拖动到"列标签"中,将"数量"字段拖动到"数值"中。

步骤五:选中"日期"列中的任一单元格,右键单击,在弹出的快捷菜单中选择"创建组"命令。弹出"分组"对话框,在"步长"选项组中选择"月"和"季度",单击【确定】按钮。

9. 在"销售汇总"工作表右侧创建一个新的工作表,名称为"大额订单";在这个工作表中使用高级筛选功能,筛选出"销售记录"工作表中产品 A 数量在 1 550 以上、产品 B 数量在 1 900 以上以及产品 C 数量在 1 500 以上的记录(请将条件区域放置在 1~4 行,筛选结果放置在从 A6 单元格开始的区域)。其操作步骤如下:

步骤一:单击"销售量汇总"工作表后的"插入工作表"按钮,新建"大额订单"工作表。

步骤二:在"大额订单"工作表的 A1 单元格中输入"类型",在 B1 单元格中输入"数量"条件,在 A2 单元格中输入"产品 A",在 B2 单元格中输入"＞1 550",在 A3 单元格中输入"产品 B",在 B3 单元格中输入"＞1 900",在 A4 单元格中输入"产品 C",在 B4 单元格中输入"＞1 500"。

步骤三:单击【数据】选项卡下【排序和筛选】组中的"高级"按钮,弹出"高级筛选"对话框,选择"将筛选结果复制到其他位置",单击"列表区域"后的"折叠对话框"按钮,选择列表区域"销售记录!$A$3:$F$891",单击"条件区域"后的"折叠对话框"按钮,选择"条件区域""$A$1:$B$4",单击"复制到"后的"折叠对话框"按钮,选择单元格 A6,按回车键展开"高级筛选"对话框,最后单击【确定】按钮完成高级筛选。

10. 保存文档。其操作步骤如下:

同时按下组合键【Ctrl + S】保存文档。

实验 *11* PowerPoint 2010 基本操作

【实验目的】

1. 熟悉 PowerPoint 2010 中各选项卡的功能和使用。

2. 掌握 PowerPoint 2010 的启动、退出和保存等方法。

3. 掌握插入图片、剪贴画、表格、艺术字等对象的操作。

4. 掌握 PowerPoint 2010 中文档的基本编辑。

【实验内容】

1. 新建 PPT 文档,文件名为"自我介绍——学生姓名. pptx"。

2. 选择一个合适的主题,并进行总体外观设计。

3. 增加第 1 张幻灯片,版式设置为标题幻灯片,增加主标题和副标题内容。

4. 增加第 2 张幻灯片,版式设置为"空白",插入文本框,在文本框中输入文本信息。

5. 增加第 3 张幻灯片,版式设置为"标题和内容",分别输入个人档案相关内容,并进行格式化。

6. 增加第 4 张幻灯片,版式设置为"标题和内容",分别输入学习成绩相关内容,并进行格式化。

7. 增加第 5 张幻灯片,版式设置为"标题和内容",分别输入学习进步曲线相关内容,并进行格式化。

8. 增加第 6 张幻灯片,版式设置为"标题和内容",分别输入家庭关系相关内容,并进行格式化。

9. 增加第 7 张幻灯片,版式设置为"标题和内容",分别输入个人兴趣相关内容,并进行格式化。

10. 为每张幻灯片创建超链接。

11. 保存幻灯片文档,并为文档创建一个扩展名为". ppt"的副本。

【实验步骤】

1. 新建 PPT 文档,文件名为"自我介绍——学生姓名. pptx"。其操作步骤如下:

(1)启动、创建 PPT 文档的常用方法有以下 3 种。

①单击【开始】按钮,在弹出的菜单中选择【所有程序】,选择【Microsoft Office】,选择【Microsoft Office PowerPoint 2010】菜单项即可。

②双击桌面的【Microsoft Office PowerPoint 2010】快捷方式。

③打开指定的目录后,右键单击空白处,在弹出的快捷菜单中选择【新建】,在二级菜单中选择【Microsoft Office PowerPoint 幻灯片】,输入文件名后,双击该幻灯片即可。

(2)在 PPT 中录入内容时,具体操作类似 Word 编辑操作,可先录入所有信息后再进行编辑排版。

(3)保存 PPT 幻灯片时,通过步骤(1)中的前两种方法建立的 PPT 幻灯片,在第一次保存时,会弹出【另存为】对话框,在该对话框中,用户可以修改文档存储的目录、文件名、文件类型等信息。PowerPoint 2010 创建的 PPT 幻灯片,默认文件类型为.pptx 文件,该文件类型在 PowerPoint 2003 或者以下版本的 PPT 中是不能直接打开的,若需要在低版本中打开,可以在文件类型中选择 PowerPoint 97-2003 类型,即文件扩展名为.ppt 文件,该文件类型可以在 PowerPoint 97 及以上版本中打开。

2.选择一个合适的主题,并进行总体外观设计。其操作步骤如下:

步骤一:单击【设计】选项卡→【主题】功能区,应用喜欢的设计模板。

步骤二:单击【视图】选项卡→【幻灯片母版】按钮,在母版中的"标题幻灯片"版式绘制一个矩形,颜色选择红色,也可自定义,放置在幻灯片底部;在"标题和内容"版式绘制一个矩形,放置在幻灯片标题处,置于底层,并将标题文字颜色设置为白色。单击【幻灯片母版】选项卡,选择【关闭母版视图】按钮。

3.增加第 1 张幻灯片,版式设置为标题幻灯片,增加主标题和副标题内容。其操作步骤如下:

步骤一:增加幻灯片的常用方法有以下两种。

①在幻灯片视图下,在闪烁的横线处按【回车键】即可。

②单击【开始】选项卡,在【幻灯片】功能区中单击【新建幻灯片】,即可增加新的幻灯片,同时也可以设置相应的版式。

步骤二:在主标题处录入"自我介绍";副标题处录入"——我的概况"。

4.增加第 2 张幻灯片,版式设置为"空白",插入文本框,在文本框中输入文本信息。其操作步骤如下:

步骤一:单击【新建幻灯片】右侧的黑色下三角形,版式选择"空白",即可新建第 2 张幻灯片。

步骤二:单击【插入】选项卡,在【文本】功能区中单击【文本框】,在第 2 张幻灯片空白处绘制一个大小合适的文本框。

步骤三:在文本框中依次输入以下内容。

    1.我的档案

    2.我的学习成绩表

    3.我的学习进步曲线图

    4.我的家庭成员

    5.我的兴趣

5.增加第 3 张幻灯片,版式设置为"标题和内容",分别输入个人档案相关内容,并进行格式化。其操作步骤如下：

步骤一：单击【新建幻灯片】右侧的黑色下三角形,版式选择"标题和内容",即可新建第3张幻灯片。

步骤二：在标题处录入"个人档案"。

步骤三：在内容处输入以下内容：

刘小飞,2000年出生,18岁,男。2013年毕业于重庆市第一中学初中。2016年毕业于重庆市第一中学高中。目前本科在读。

步骤四：将标题设置为"居中""黑体""三号""双倍行距""段前段后各一行";正文设置为"两端对齐""宋体""小四号""首行缩进2字符""单倍行距"。

6. 增加第4张幻灯片,版式设置为"标题和内容",分别输入学习成绩相关内容,并进行格式化。其操作步骤如下：

步骤一：新建第4张幻灯片,版式设置为"标题和内容"。

步骤二：在标题处输入"学习成绩表"。

步骤三：在内容处选择"插入表格",见表11-1。

表11-1　学习成绩表

学　期	高　数	英　语	计算机	哲　学	体　育
第一学期	65	78	68	75	70
第二学期	75	85	82	80	78
第三学期	80	87	84	84	83
第四学期	85	88	86	85	80

步骤四：单击表格,在出现的【表格工具-设计】选项卡中,在【表格样式】功能区选择【主题样式1-强调5】。

7. 增加第5张幻灯片,版式设置为"标题和内容",分别输入学习进步曲线相关内容,并进行格式化。其操作步骤如下：

步骤一：新建第5张幻灯片,版式设置为"标题和内容"。

步骤二：在标题处输入"学习进步曲线图"。

步骤三：在内容处选择"插入图表",在弹出的【插入图表】对话框中,选择"带数据标记的折线图"。数据表数据如下,也可自定义数据。

第1学期平均分为71.2,第2学期平均分为80.4,第3学期平均分为83.6,第4学期平均分为84.8。

8. 增加第6张幻灯片,版式设置为"标题和内容",分别输入家庭关系相关内容,并进行格式化。其操作步骤如下：

步骤一：新建第6张幻灯片,版式设置为"标题和内容"。

步骤二：在标题处输入"我的家庭成员"。

步骤三：在内容处选择"插入SmartArt图形",在弹出的【选择SmartArt图形】对话框中,选择"分段循环"。插入数据为（可以自定义数据）：爸爸、妈妈、我。

步骤四：单击图形，在出现的【SmartArt 工具-设计】选项卡中，在【SmartArt 样式】功能区选择【更改样式】中的【彩色范围-强调文字颜色 4 至 5】。

9. 增加第 7 张幻灯片，版式设置为"标题和内容"，分别输入个人兴趣相关内容，并进行格式化。其操作步骤如下：

步骤一：新建第 7 张幻灯片，版式设置为"标题和内容"。

步骤二：在标题处输入"个人兴趣"。

步骤三：在内容处录入"唱歌、羽毛球"，并插入对应的剪贴画。

10. 为每张幻灯片创建超链接。其操作步骤如下：

步骤一：单击第 2 张幻灯片，选中"1. 我的档案"，单击【插入】选项卡，选择【链接】功能区，选择【超链接】，在弹出的【插入超链接】对话框中，选择【本文档中的位置】中的"3. 个人档案"，单击【确定】按钮。

步骤二：创建超链接的方法还可以用如下方法，在第 2 张幻灯片中选中"2. 我的学习成绩表"，右键单击，在右键菜单中选择【超链接】，在弹出的【插入超链接】对话框中，选择【本文档中的位置】中的"4. 学习成绩"，单击【确定】按钮。

步骤三：如上操作，为每张幻灯片创建超链接。

11. 保存幻灯片文档，并为文档创建一个扩展名为". ppt"的副本。其操作步骤如下：

步骤一：保存幻灯片文档。

步骤二：单击【文件】选项卡，选择【另存为】，在弹出的【另存为对话框】中选择【保存类型】，在下拉列表中选择【PowerPoint 97-2003 演示文稿】，单击【保存】按钮。

自我介绍演示文稿效果如图 11-1 所示。

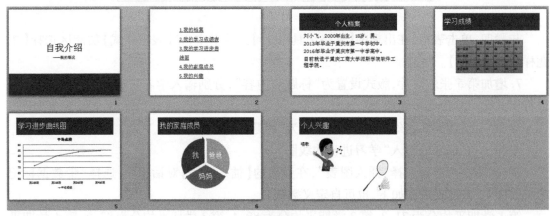

图 11-1　自我介绍演示文稿效果

实验 *12* PowerPoint 2010 动作动画设计

【实验目的】

1. 掌握对幻灯片中的对象进行自定义动画的操作。
2. 掌握动画顺序的调整操作。
3. 掌握幻灯片的切换操作。
4. 掌握设置幻灯片的放映方式。

【实验内容】

1. 打开实验 11 所做的演示文稿"自我介绍——姓名.pptx",对幻灯片内各对象设置动画。
2. 设置演示文稿的放映方式。
3. 制作一个关于长江三峡的演示文稿。

【实验步骤】

1. 打开实验 11 所做的演示文稿"自我介绍——姓名.pptx",对幻灯片内各对象设置动画。其操作步骤如下:

步骤一:在第 1 张幻灯片中添加图片,图片任意,添加艺术字"自信、团结、创新",艺术字文本为"刘晓东(作者名字)"。

设置艺术字的动画效果为"动作路径"的"绘制自定义路径"中的"曲线",绘制一条从右下角到右中部的曲线路径。然后设置动画的"开始"为"之前","速度"为"中速",声音为"掌声",延迟为"1 秒"。

步骤二:在第 2 张幻灯片中,添加大小不同的 5 个圆角矩形,放在原文本前,在"强调"动画中选择任意特效进行设置。

步骤三:在第 3 张幻灯片中,将标题"个人档案"更改为"基本情况介绍"。设置个人情况信息的动画效果为"强调"中的"彩色波纹","开始"为"之后","颜色"为"红色","速度"为"慢速",动画文本为"按字母"播放。

步骤四:在第 4 张幻灯片中,设置表格的动画效果为"强调"中的"更改字体颜色","开始"为"单击","颜色"为"红色","速度"为"中速"。

步骤五:在第 5 张幻灯片中,绘制 5 个圆,设置填充颜色和添加对应的文本。选中 5 个圆设置"进入"动画效果为"缩放","开始"为"之后","显示比例"为"内","速度"为"快速"。然后调整动画播放的先后顺序为"中间圆"→"左上圆"→"右上圆"→"左下圆"→"右下圆"。

步骤六:在第6张幻灯片中,插入一个竖排文本框 A(A 的内容:我爱我家!),一个横排文本框 B(B 内容:Family = Father and Mother,I love you!)。设置文本框动画效果和播放先后顺序如下:

A 文本框"进入"动画效果为"渐变","开始"为"之前","速度"为"非常快"。

B 文本框"进入"动画效果为"渐入","开始"为"单击","速度"为"快速"。

步骤七:设置每张幻灯片的切换方式的动态效果。

设置第 1 张幻灯片的切换方式为"横向棋盘式","速度"为"快速","声音"为"激光";设置第 2 张幻灯片的切换方式为"溶解","速度"为"中速","声音"为"风声";设置第 6 张幻灯片的切换方式为"垂直梳理","速度"为"快速","声音"为"照相机";其余幻灯片的切换方式为"随机","速度"为"快速","声音"为"无声音"。

2. 设置演示文稿的放映方式。其操作步骤如下:

步骤一:单击【幻灯片放映】选项卡,选择【设置】功能区的【排练计时】。对每张幻灯片的播放节奏进行控制,然后保存排练计时。

步骤二:单击【幻灯片放映】选项卡,选择【设置】功能区的【设置幻灯片放映】,在弹出的【设置放映方式】对话框中,选择【换片方式】下的【如果存在排练计时,则使用它】。

步骤三:保存幻灯片文档。

3. 制作一个关于长江三峡的演示文稿。其操作步骤如下:

步骤一:收集素材,包括文本信息、图片、音频、视频及相关数据等(本次实验提供相关文字材料及图片素材,具体步骤略)。

步骤二:版面构思、精心设计整体演示文稿的结构。

步骤三:启动 PowerPoint 2010 演示文稿,插入 5~7 张幻灯片。

步骤四:设计幻灯片主题,设计幻灯片母版。

步骤五:编辑每张幻灯片,按实验要求格式化。

步骤六:自行设计幻灯片切换效果及动画方案。

步骤七:保存演示文稿。

样例如图 12-1 所示。

图 12-1 样例

实验 13 多媒体技术基础

【实验目的】

1. 掌握 Photoshop 基础操作。
2. 掌握图层的常规操作。
3. 掌握滤镜的使用以及了解常用滤镜的效果。
4. 掌握粉笔字效果的制作流程。

【实验内容】

以图片"黑板.jpg"为背景,在图片"黑板.jpg"上加入"国庆节快乐"5 个字,并将这 5 个字制作成粉笔字的文字效果,制作完成后,将图片存为"粉笔字.jpg"。

【实验步骤】

以图片"黑板.jpg"为背景,在图片"黑板.jpg"上加入"国庆节快乐"5 个字,并将这 5 个字制作成粉笔字的文字效果,制作完成后,将图片存为"粉笔字.jpg"。其操作步骤如下:

步骤一:启动【Photoshop CC】,在 Photoshop CC 中打开素材文件"黑板.jpg",以"黑板.jpg"图片作为背景,如图 13-1 所示。

图 13-1 打开背景图片

步骤二:在"背景"图层上单击右键,在弹出的快捷菜单中选择【复制图层】,图层名为"图层1",后面所有的操作都在图层1上操作,保留背景图层不被破坏,如图13-2所示。

图13-2　在"背景"图层上新建图层

步骤三:在左边工具栏中选择文字工具,点开右下角的小三角,选择【横排文字工具】,如图13-3所示。

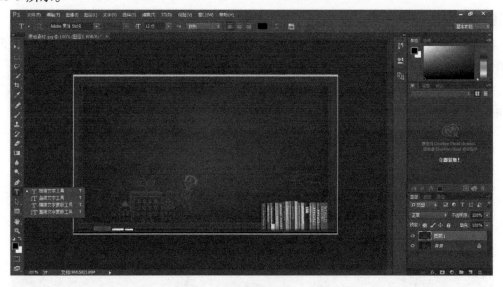

图13-3　选择"横排文字工具"

步骤四:在文字工具中输入"国庆节快乐",字体为"微软雅黑",样式为"Bold",大小为72点,参数设置如图13-4框内所示。

步骤五:将文字的颜色改为墨绿色,与黑板的颜色相近,选中"国庆节快乐"5个字,单击右侧工具栏,打开拾色器,选择墨绿色,也可按图13-5设置参数,设完后效果如图13-6所示。

图 13-4 文字参数设置

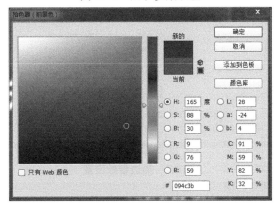

图 13-5 设置文字颜色

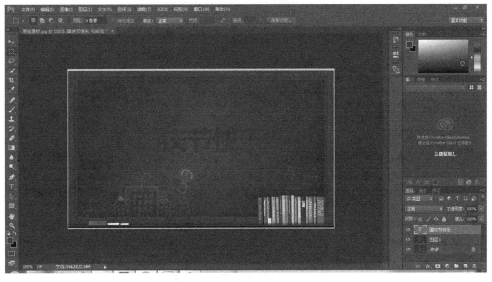

图 13-6 文字设置完成后效果

步骤六：选中文字图层,单击鼠标右键,在弹出的快捷菜单中选择【混合选项】,调出"图层样式"面板,在左侧样式列表中勾选【描边】,修改颜色为"白色",大小 2 ~ 3 像素,"图层样式"面板参数如图 13-7 所示,设完后的效果如图 13-8 所示。

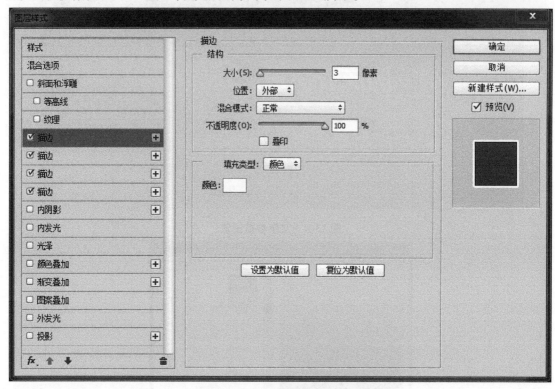

图 13-7　描边参数设置

图 13-8　文字描边后的效果图

步骤七:新建一个空白图层,选择矩形选框工具或矩形工具创建一个矩形,填充白色,如图 13-9 所示。

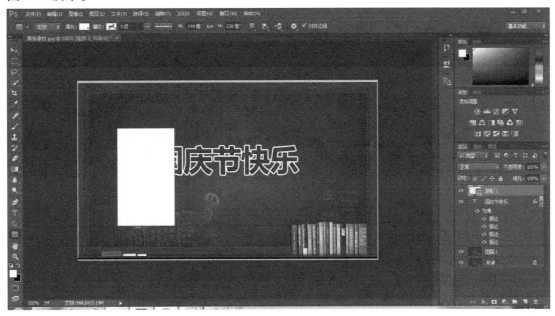

图 13-9 新建矩形图层

步骤八:对新建的空白层使用"添加杂色"滤镜,单击菜单栏中的【滤镜】→【杂色】→【添加杂色】,调出"添加杂色"面板,参数设置如图 13-10 框内所示,效果如图 13-10 左侧矩形所示。

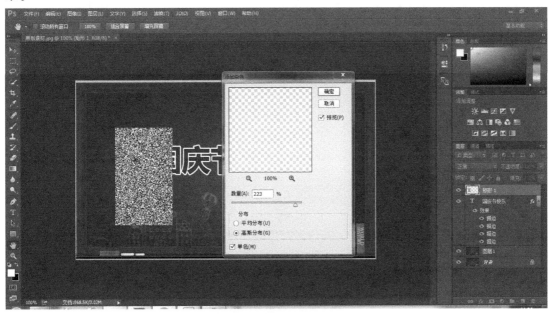

图 13-10 "添加杂色"滤镜及效果图

步骤九:继续对空白层使用"动感模糊"滤镜,单击菜单栏中的【滤镜】→【模糊】→【动感模糊】,调出"动感模糊"面板,参数设置如图 13-11 框内所示,效果如图 13-11 左侧矩形所示。

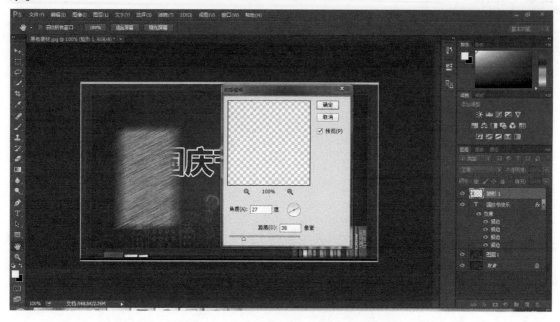

图 13-11 添加"动感模糊"滤镜及效果图

步骤十:自由变换路径,单击菜单栏中的【编辑】→【自由变换路径】,调整矩形边框上方框点,覆盖住文字层的文字,如图 13-12 所示。

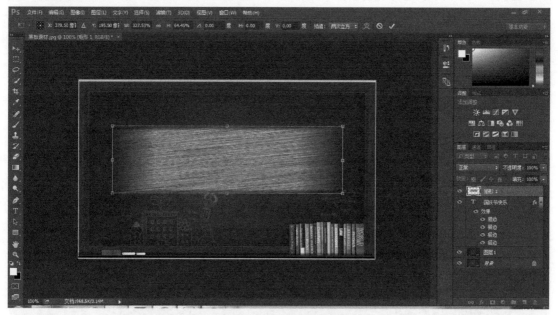

图 13-12 自由变换路径

步骤十一:创建剪贴蒙版,在空白层单击右键,在弹出的快捷菜单中选择【创建剪贴蒙版】,设置完成后的效果如图 13-13 所示。

图 13-13　创建剪贴蒙版

步骤十二：色阶调整，单击菜单栏中的【图像】→【调整】→【色阶】，调出"色阶"面板，参数设置如图 13-14 中框内所示，效果如图 13-14 左侧文字部分所示。

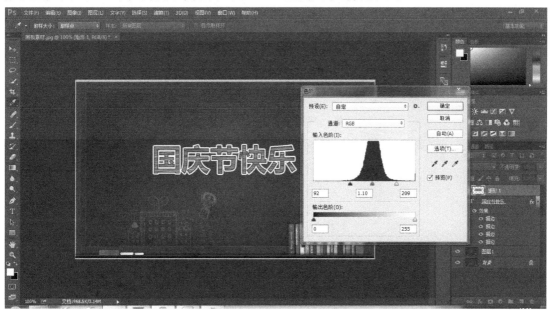

图 13-14　色阶调整

步骤十三：调整蒙版倾斜度，单击菜单栏中的【编辑】→【自由变换路径】，鼠标在方框边缘移动，当鼠标变为弯曲的双箭头，按住鼠标左键，调整倾斜度，调整完毕，松开鼠标左键，如图 13-15 所示。

图 13-15　调整蒙版倾斜度

最终效果如图 13-16 所示。

图 13-16　最终效果

实验 14　Access 2010 建库建表基本操作

【实验目的】

1. 熟悉 Access 数据库的基本功能,学会如何使用模板和不使用模板创建数据库。
2. 掌握数据表创建的方法,并能根据需要灵活地创建数据表。
3. 能够为建立的表添加表关系。

【实验任务】

1. 启动 Access 2010,利用"罗斯文"模板建立 Access 数据库,观察数据库的主要功能与主要组成部分。
2. 新建空白数据库,并在该数据库中新建"客户"表、"员工"表、"产品"表、"订单"表和"订单明细"表。
3. 为建立的 5 个数据表建立关系。

【实验步骤】

1. 启动 Access 2010,利用"罗斯文"模板建立 Access 数据库,观察数据库的主要功能与主要组成部分。其操作步骤如下:

利用"罗斯文"模板建立 Access 数据库,命名为"罗斯文 1. accdb"。

2. 新建空白数据库,并在该数据库中新建"客户"表、"员工"表、"产品"表、"订单"表和"订单明细"表。其操作步骤如下:

步骤一:新建空白数据库,命名为 MyDB1。

步骤二:在 MyDB1 中创建 5 个表:客户、员工、产品、订单、订单明细。

各表各字段及其属性见表 14-1 至表 14-5。

表 14-1　客户表各字段及其属性

字段名	数据类型	字段宽度	必填字段	是否主键
ID	数字	长整形	是	是
公司	文本	15	是	否
联系人	文本	4	是	否
职务	文本	10	是	否
主页	超链接	—	否	否

续表

字段名	数据类型	字段宽度	必填字段	是否主键
备注	备注	—	否	否
附件	附件	—	否	否

表 14-2　员工表各字段及其属性

字段名	数据类型	字段宽度	必填字段	是否主键
ID	数字	长整形	是	是
姓名	文本	4	是	否
职务	文本	10	是	否
电子邮件地址	文本	50	否	否
个人照片	OLE 对象	—	否	否
入职时间	日期/时间	—	否	否

表 14-3　产品表各字段及其属性

字段名	数据类型	字段宽度	必填字段	是否主键
ID	自动编号	长整形	是	是
供应商 ID	数字	长整形	是	否
产品代码	文本	25	否	否
标准成本	货币	—	否	否
列出价格	货币	—	否	否
说明	备注	—	否	否

表 14-4　订单表各字段及其属性

字段名	数据类型	字段宽度	备　注
ID	自动编号	长整形	
业务员 ID	数字	整形	查阅员工表中的 ID 与姓名字段列
客户 ID	数字	长整形	查阅客户表中的 ID 与公司字段列
订单金额	货币	—	
订单日期	日期/时间	短日期	
发货日期	日期/时间	短日期	

表 14-5 订单明细表各字段及其属性

字段名	数据类型	字段宽度	备　注
ID	自动编号	长整形	
订单 ID	数字	整形	查阅订单表中的 ID 字段列
产品 ID	数字	长整形	
数量	数字	整形	
单价	货币	—	
折扣	数字	双精度	格式:"百分比"; 有效性规则:" < =1 and > =0"

步骤三:单击【创建】选项卡,选择【表格】功能区中的【表设计】,打开"表 1"的表设计视图。

①在"表 1"的【字段名称】下录入"ID",【数据类型】下选择"数字",单击表格下方【字段属性】的【常规】选项卡,在【必需】右侧下拉列表中选择"是"。单击【表格工具-设计】选项卡下的【工具】功能区,选择【主键】,将 ID 字段设置为主键。

②在【字段名称】下继续录入"公司",【数据类型】下选择"文本",【字段大小】为15,【必需】设置为"是"。

③在【字段名称】下继续录入"联系人",【数据类型】下选择"文本",【字段大小】为4,【必需】设置为"是"。

④在【字段名称】下继续录入"职务",【数据类型】下选择"文本",【字段大小】为10,【必需】设置为"是"。

⑤在【字段名称】下继续录入"主页",【数据类型】下选择"超链接"。

⑥在【字段名称】下继续录入"备注",【数据类型】下选择"备注"。

⑦在【字段名称】下继续录入"附件",【数据类型】下选择"附件"。

⑧按组合键【Ctrl + S】保存,将表名称修改为"客户"。

步骤四:依上述操作创建"员工"表、"产品"表、"订单"表和"订单明细"表。

3. 为建立的 5 个数据表建立关系。其操作步骤如下:

步骤一:为"客户"表、"员工"表、"订单"表、"产品"表和"订单明细"表建立表间关系。单击【数据库工具】,选择【关系】功能区中的【关系】,弹出【显示表】对话框。选择以上 5 个表,将"客户"表的"ID"字段拖动到"订单"表的"客户 ID"处,松开鼠标后,系统弹出【编辑关系】对话框。勾选"实施参照完整性""级联更新相关字段"和"级联删除相关记录复选框"。

步骤二:重复以上步骤,建立其余各表间的表关系。各表间关系与字段连接方式见表 14-6。

表 14-6　各表间关系与字段连接方式

表　名	字段名	相关表名	字段名	表关系
产品	ID	订单明细	产品 ID	一对多
订单	ID	订单明细	订单 ID	一对多
员工	ID	订单	销售员 ID	一对多
客户	ID	订单	客户 ID	一对多

步骤三:保存数据库文件。

实验 *15* Access 2010 窗体和查询

【实验目的】

1. 学习选择查询的主要功能。
2. 练习查询条件的使用。
3. 掌握基于窗体形式进行简单的数据查询。

【实验任务】

1. 创建一个查询,通过输入学生姓名实现模糊查询该学生信息以及输入班级名称模糊查询该班级所有学生信息。
2. 创建一个窗体,通过输入学生姓名和所属班级模糊查询相应的学生信息。

【实验步骤】

1. 创建一个查询,通过输入学生姓名实现模糊查询该学生信息以及输入班级名称模糊查询该班级所有学生信息。其操作步骤如下:

步骤一:新建数据库,名称为"信息查询窗体. accdb"。新建数据表,名称为学生信息,包含的字段有学号、姓名、性别、所属班级等。

录入学生信息表的数据,相关数据如图 15-1 所示。

学号	姓名	性别	政治面貌	所属班级
101	李军	男	团员	汉语言班
103	陆军	男	群众	汉语言班
105	匡名	男	群众	汉语言班
107	王立	女	团员	计算机班
108	曾华	男	党员	计算机班
109	王芳	女	党员	外国语班
804	李成	男	群众	外国语班
825	王平	女	群众	计算机班
831	陆兵	女	团员	汉语言班
856	张旭	男	群众	外国语班

图 15-1　学生信息表的数据

步骤二:创建一个空白窗体,为空白窗体添加两个文本控件,将文本框属性表中的"名称"字段更改为相应的文字,用以接收查询条件。保存名称为"学生信息查询",如图 15-2 所示。

图 15-2　窗体设计

步骤三:单击【创建】选项卡,选择【查询】功能区的【查询设计】按钮,在弹出的【显示表】对话框中,选择添加"学生信息"。

步骤四:在查询中添加所有字段,学号、姓名、性别、政治面貌和所属班级。

步骤五:此次实验实现的是模糊查询,故要用到"Like"运算符。在"姓名"条件中单击右键,选择【生成器】,弹出【表达式生成器】对话框。

首先在文本框中输入"Like"后按空格键,然后选择【表达式元素】→【信息查询窗体. accdb】→【Forms】→【所有窗体】→【学生信息查询】,在【表达式类别】中选择"Text0",在【表达式值】中选择"值"并双击鼠标,在自动生成的表达式后输入 &,"＊",单击"确定"。参考如图 15-3 所示。

图 15-3　表达式生成器

步骤六:如图 15-3 所示,将窗体中的姓名和班级在查询中依次添加条件。如图 15-4 所示。单击"保存",另存为"信息查询"。

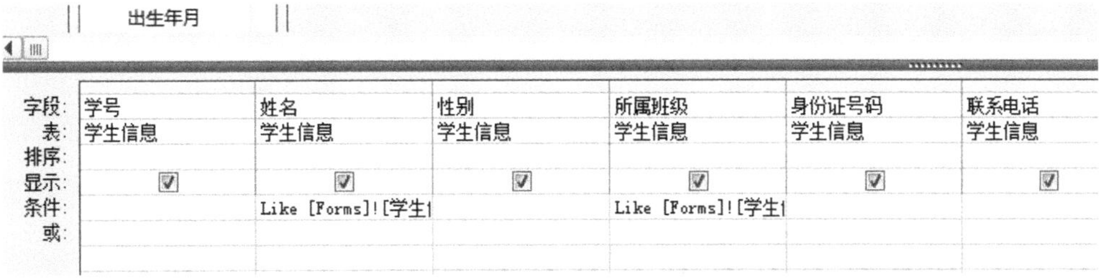

字段:	学号	姓名	性别	所属班级	身份证号码	联系电话
表:	学生信息	学生信息	学生信息	学生信息	学生信息	学生信息
排序:						
显示:	☑	☑	☑	☑	☑	☑
条件:		Like [Forms]![学生1		Like [Forms]![学生1		
或:						

图 15-4　增加条件

2. 创建一个窗体,通过输入学生姓名和所属班级模糊查询相应的学生信息。其操作步骤如下:

步骤一:在窗体类型中打开"学生信息查询",单击【窗体布局工具-设计】选项卡下【视图】功能区中的【视图】,选择【布局视图】。在查询类型中,将"信息查询"拖动到窗体中,尺寸自行调整。

步骤二:新建一个按钮,命名为"查询"。在其【属性表】中,选择【事件】,单击"单击"右侧的省略按钮,弹出【选择生成器】对话框,选择"代码生成器"项,输入如图 15-5 所示中的代码,保存并关闭。

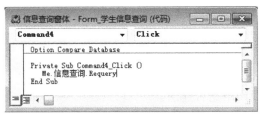

图 15-5　按钮时间中的代码

步骤三:返回窗体视图,输入两个条件中的一个,单击"查询"按钮,下方的子窗体即可显示符合条件的内容,如图 15-6 所示。

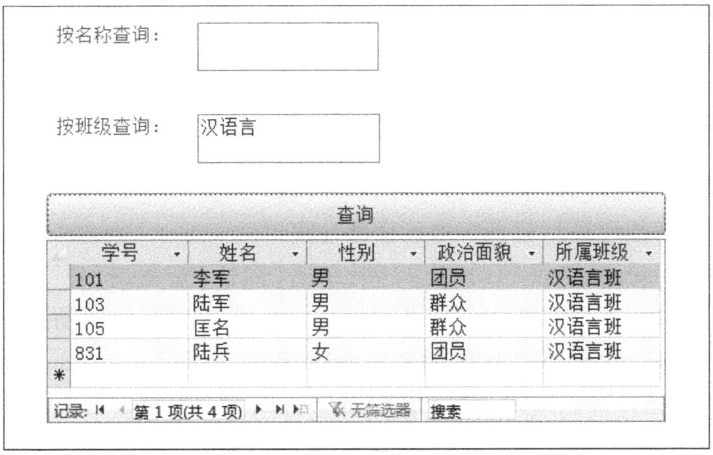

按名称查询:

按班级查询: 汉语言

查询

学号	姓名	性别	政治面貌	所属班级
101	李军	男	团员	汉语言班
103	陆军	男	群众	汉语言班
105	匡名	男	群众	汉语言班
831	陆兵	女	团员	汉语言班

记录: ◄ 第 1 项(共 4 项) ► ►1 ►* 无筛选器 搜索

图 15-6　窗体运行效果

步骤四:保存整个数据库。

实验 16　计算机网络基础

【实验目的】

1.熟悉 Windows 网络参数设置和基本意义,掌握 TCP/IP 协议的设置方法。

2.熟悉常用网络诊断工具的使用。

3.掌握局域网信息共享及打印机共享的方法。

4.熟悉 Outlook 常用操作。

【实验内容】

1.TCP/IP 协议的设置。

2.利用 ARP 工具解析网卡的 MAC 地址。

3.利用 ipconfig 工具检查当前 TCP/IP 的配置情况。

4.利用 ping 工具检测网络是否连通。

5.利用 tracert 工具查询本机到新浪网服务器的路由信息。

6.在 Windows 7 中设置共享资源。

7.在 Microsoft Outlook 2010 中设置邮箱账户信息,进行邮件收发。

【实验步骤】

1.TCP/IP 协议的设置。其操作步骤如下:

步骤一:双击【控制面板】,打开控制面板窗口。

步骤二:单击【查看网络状态和任务】,打开网络和共享中心窗口。

步骤三:单击【更改适配器设置】,打开网络连接窗口。

步骤四:双击【本地连接】,打开本地连接属性窗口。

步骤五:选择"Internet 协议(TCP/IP)"项,单击【属性】按钮,打开"Internet 协议(TCP/IP)属性"对话框,设置 IP 地址和 DNS 服务器地址。如果 IP 地址使用动态分配的话,只要选择"自动获得 IP 地址""自动获得 DNS 服务器地址"即可。

注意:现在很多单位的局域网或家中使用的宽带网都可自动获取 IP 地址。但如果使用固定 IP 地址的话,需要让网络管理员分配 IP 地址,同时获得相应的"子网掩码"的地址和 DNS 域名解析服务器的 IP 地址,如果安装了网关,还需要知道网关的 IP 地址等,将这些地址填写到各自的文本框中即可。

2.利用 ARP 工具解析网卡的 MAC 地址。其操作步骤如下:

步骤一:单击【开始】→【所有程序】→【附件】→【命令提示符】选项,打开命令提示符窗口。

步骤二:在命令提示窗口输入"arp -a"命令,则可查看本机的 ARP 缓存内容,里面的内容是不同 IP 地址对应的 MAC 地址。

步骤三:在命令提示窗口输入"arp -d"命令,则可清除本机的 ARP 缓存内容。

步骤四:在命令提示窗口输入"arp -s"命令,可添加一条静态缓存。如"arp -s 192.168.0.1 00-aa-00-62-c6-09",则可将 IP 地址 192.168.0.1 和网卡的物理地址 00-aa-00-62-c6-09 绑定。

3. 利用 ipconfig 工具检查当前 TCP/IP 的配置情况。其操作步骤如下:

步骤一:单击【开始】→【所有程序】→【附件】→【命令提示符】选项,打开命令提示符窗口。

步骤二:在命令提示窗口输入"ipconfig/all"命令,则可查看在第一个实验设置的 TCP/IP 参数或者通过自动获取的 TCP/IP 参数信息。

4. 利用 ping 工具检测网络是否连通。其操作步骤如下:

步骤一:单击【开始】→【所有程序】→【附件】→【命令提示符】选项,打开命令提示符窗口。

步骤二:在旁边的计算机利用"ipconfig/all"命令获取其 IP 地址(假如为 192.168.0.8)。

步骤三:在命令提示窗口输入"ping 192.168.0.8"命令,然后根据命令提示窗口返回的信息就可以判断本机和旁边的计算机网络是否连通。

5. 利用 tracert 工具查询本机到新浪网服务器的路由信息。其操作步骤如下:

步骤一:单击【开始】→【所有程序】→【附件】→【命令提示符】选项,打开命令提示符窗口。

步骤二:在命令提示窗口输入"tracert www.sina.com.cn"命令,在命令提示窗口就会显示本机到新浪中文网服务器的路由信息。

6. 在 Windows 7 中设置共享资源。其操作步骤如下:

(1)在装有 Windows 7 的计算机上开启共享选项。

步骤一:单击【开始】菜单,选择【控制面板】选项,单击【网络和 Internet】选项下的"查看网络状态和任务",打开"网络和共享中心"窗口。

步骤二:单击【更改高级共享设置】,打开"更改高级共享设置"窗口,启用网络发现、文件和打印机共享、公用文件夹共享,"密码保护的共享"部分则选择"关闭密码保护共享",最后单击【保存修改】按钮。

(2)共享对象的设置。设置共享对象最直接的方法是将需要共享的文件或者文件夹直接拖进公共文件夹中。

如果需要共享某些特定的 Windows 7 文件夹,则右击该文件夹,在弹出的快捷菜单中单击【属性】菜单,打开其属性窗口,然后切换至【共享】选项卡,单击【高级共享】按钮,打开【高级共享】对话框,勾选"共享此文件夹"下面的共享名可保持默认的共享名,也可改为用户指定的共享名,然后单击【应用】按钮,最后单击【确定】按钮。

注意：如果某文件夹被设为共享，则它的所有子文件夹将默认被设为共享。

（3）共享打印机。使用共享打印机一般分两步进行：一是在局域网中的某一台计算机上连接好打印机并安装正确的驱动程序（若已经安装，则直接执行第二步）；二是将局域网中的打印机设置为共享并确定打印机共享名。

步骤一：安装打印机，插上打印机电源，将打印机数据线连接到计算机的 USB 接口，通过网络下载打印机驱动程序或者通过驱动光盘复制驱动程序，安装驱动程序，并打印测试页，如能打印出测试页，说明打印机安装成功，如果不能打印，检查打印机电源线和数据线是否正确连接，驱动程序是否正确安装。

步骤二：共享打印机，单击【开始】→【设备和打印机】选项，弹出"设备和打印机"窗口，右击窗口内需要被共享的打印机图标，在弹出的快捷菜单中单击【打印机属性】选项，打开打印机属性设置窗口，切换至【共享】选项卡，在其中勾选"共享这台打印机"选项，打印机共享名可以保持默认值，也可根据需要修改成别的共享名，最后单击【确定】按钮，打印机共享设置完成。

7. 在 Microsoft Outlook 2010 中设置邮箱账户信息，进行邮件收发。其操作步骤如下：

步骤一：单击【开始】菜单，找到 Microsoft Office，再单击【Microsoft Outlook 2010】。

步骤二：启动之后，单击【下一步】按钮，进入"账户配置"窗口，勾选【是】选项，同意新建账户。

步骤三：单击【下一步】按钮，进入"添加新账户"窗口，填写你的姓名、电子邮件地址、邮箱密码。

步骤四：单击【下一步】按钮，在弹出的对话框中单击【允许】按钮，允许 Outlook 自动配置电子邮箱服务器设置，然后 Outlook 配置相应信息，并测试是否能登入电子邮箱，如果成功，单击【完成】按钮，完成账户的设置。

步骤五：如果第四步不成功，可回到第三步，检查邮箱地址或密码有无错误，确认无误还不能登入邮箱，则在第三步的"添加新账户"窗口中勾选【手动配置服务器设置或其他服务器】，单击【下一步】按钮，进入"手动配置服务器"窗口。

步骤六：手动配置服务器，在"手动配置服务器"窗口中填写下面的信息。

①你的姓名：填写姓名。

②电子邮件地址：填写邮件地址。

③接收邮件服务器：如 pop3. sina. com。

④发送邮件服务器：如 smtp. sina. com。

⑤用户名：邮箱用户名。

⑥密码：邮箱密码。

填写完成之后，单击【其他设置】。

步骤七：在弹出的"Internet 电子邮箱设置"窗口中，单击【发送服务器】选项。勾选【我的发送服务器(smtp)要求验证】，单击【确定】按钮完成设置，回到"手动配置服务器"窗口。

步骤八：在"手动配置服务器"窗口中，单击【下一步】按钮，然后等待接收和发送电子邮件测试完，单击【关闭】按钮。

步骤九:单击【完成】按钮,Outlook 账户设置完成。

步骤十:打开 Outlook,现在就可以利用 Outlook 进行邮件收发了。

注意:如果没有电子邮箱,可在网上申请免费的电子邮箱(如 163 邮箱),并记住用户名和密码,另外,步骤六中的"接收邮件服务器"和"发送邮件服务器",可先利用浏览器登录电子邮箱,然后在邮箱设置里面可以找到,一般是在邮箱地址前加上"pop"或"smtp",例如,163邮箱的接收邮件服务器和发送邮件服务器分别为"pop.163.com"和"smtp.163.com"。

第二部分
练习题

第 *1* 章　计算机基础知识

一、选择题

1. 第三代计算机采用的电子元件是（　　）。

A. 晶体管　　　　　　B. 中、小规模集成电路　　C. 大规模集成电路　　D. 电子管

2. 世界上公认的第一台电子计算机诞生在（　　）。

A. 中国　　　　　　　B. 美国　　　　　　　C. 英国　　　　　　　D. 日本

3. 按电子计算机传统的分代方法，第一代至第四代计算机依次是（　　）。

A. 机械计算机，电子管计算机，晶体管计算机，集成电路计算机

B. 晶体管计算机，集成电路计算机，大规模集成电路计算机，光器件计算机

C. 电子管计算机，晶体管计算机，小、中规模集成电路计算机，大规模和超大规模集成电路计算机

D. 手摇机械计算机，电动机械计算机，电子管计算机，晶体管计算机

4. 下列英文缩写和中文名的对照中，正确的是（　　）。

A. CAD——计算机辅助设计　　　　　　　B. CAM——计算机辅助教育

C. CIMS——计算机集成管理系统　　　　　D. CAI——计算机辅助制造

5. 办公室自动化（OA）是计算机的一项应用，按计算机应用的分类，它属于（　　）。

A. 科学计算　　　　B. 辅助设计　　　　　C. 实时控制　　　　　D. 信息处理

6. 计算机技术应用广泛，下列属于科学计算方面的是（　　）。

A. 图像信息处理　　B. 视频信息处理　　　C. 火箭轨道计算　　　D. 信息检索

7. 冯·诺依曼在总结研制 ENIAC 计算机时，提出两个重要的改进是（　　）。

A. 引入 CPU 和内存储器的概念　　　　　B. 采用机器语言和十六进制

C. 采用二进制和存储程序控制的概念　　　D. 采用 ASCII 编码系统

8. 计算机科学的奠基人是（　　）。

A. 查尔斯·巴贝奇　　B. 图灵　　　　　　C. 阿塔诺索夫　　　　D. 冯·诺依曼

9. 目前，被人们称为 3C 的技术是指（　　）。

A. 通信技术、计算机技术和控制技术

B. 微电子技术、通信技术和计算机技术

C. 微电子技术、光电子技术和计算机技术

D. 信息基础技术、信息系统技术和信息应用技术

10. 关于世界上第一台电子计算机 ENIAC 的叙述中,错误的是( )。

A. ENIAC 是 1946 年在美国诞生的

B. 它主要采用电子管和继电器

C. 它是首次采用存储程序和程序控制自动工作的电子计算机

D. 研制它的主要目的是用来计算弹道

11. 下列不是计算机特点的是( )。

A. 能预知未来 B. 海量存储能力 C. 运算速度快 D. 自动执行命令

12. 电子数字计算机最早的应用领域是( )。

A. 辅助制造工程 B. 过程控制 C. 信息处理 D. 数值计算

13. 计算机之所以能按照人们的意图自动进行工作,最直接的原因是采用了( )。

A. 二进制 B. 高速电子元件

C. 程序设计语言 D. 存储程序控制

14. 在电子商务中,企业与消费者之间的交易称为( )。

A. B2B B. B2C C. C2C D. C2B

15. 办公室自动化(OA)是计算机的一大应用领域,按计算机应用的分类,它属于( )。

A. 科学计算 B. 辅助设计 C. 实时控制 D. 数据处理

16. 船舶、飞机、汽车、机械、服装设计、绘图属于( )。

A. 计算机科学计算 B. 计算机辅助制造

C. 计算机辅助设计 D. 实时控制

17. 电子计算机最早的应用领域是( )。

A. 数据处理 B. 数值计算 C. 工业控制 D. 文字处理

18. 为实现计算机资源共享,计算机正朝( )方向发展。

A. 自动化 B. 智能化 C. 网络化 D. 高速度

19. 冯·诺依曼型体系结构的计算机硬件系统的五大部件是( )。

A. 输入设备、运算器、控制器、存储器、输出设备

B. 键盘和显示器、运算器、控制器、存储器和电源设备

C. 输入设备、中央处理器、硬盘、存储器和输出设备

D. 键盘、主机、显示器、硬盘和打印机

二、填充题

1. 图灵在计算机科学方面的主要贡献是建立图灵机模型和提出了_____。

2. 最近的研究表明,电子计算机的雏形应是由阿塔诺索夫和他的研究生在 1941 年制作成功的_____计算机。

3. 以"存储程序"的概念为基础的各类计算机统称为_____。

4. 第一款商用计算机是 1951 年开始生产的_____计算机。

5. 第一代电子计算机采用的物理器件是_____。

6. 大规模集成电路的英文简称是_____。

7. 计算机辅助设计的英文全称是_____。

8. 根据用途及其使用范围,计算机可分为_____和专用机。

9. 微型计算机的种类很多,主要分为台式机、笔记本电脑和_____。

10. 未来新型计算机系统有光计算机、生物计算机和_____。

11. 人类生存和社会发展的三大基本资源是物质、能源和_____。

12. _____是现代电子信息技术的直接基础。

第**2**章 计算机系统概述

一、选择题

1. 下列设备组中,完全属于计算机输出设备的一组是(　　)。

A. 喷墨打印机、显示器、键盘　　　　　　　B. 激光打印机、键盘、鼠标器

C. 键盘、鼠标器、扫描仪　　　　　　　　　D. 打印机、绘图仪、显示器

2. 下列设备组中,完全属于输入设备的一组是(　　)。

A. CD-ROM 驱动器、键盘、显示器　　　　　B. 绘图仪、键盘、鼠标器

C. 键盘、鼠标器、扫描仪　　　　　　　　　D. 打印机、硬盘、条码阅读器

3. 在微机的硬件设备中,有一种设备在程序设计中既可以当作输出设备,又可以当作输入设备,这种设备是(　　)。

　A. 绘图仪　　　　　B. 网络摄像头　　　　　C. 手写笔　　　　　D. 磁盘驱动器

4. 在计算机中,条码阅读器属于(　　)。

　A. 输入设备　　　　B. 存储设备　　　　　　C. 输出设备　　　　D. 计算设备

5. 下列设备中,可作为微机输入设备的是(　　)。

　A. 打印机　　　　　B. 显示器　　　　　　　C. 鼠标器　　　　　D. 绘图仪

6. 在微机系统中,麦克风属于(　　)。

　A. 输入设备　　　　B. 输出设备　　　　　　C. 放大设备　　　　D. 播放设备

7. 目前,在市场上销售的微型计算机中,标准配置的输入设备是(　　)。

A. 键盘 + CD-ROM 驱动器　　　　　　　　B. 鼠标器 + 键盘

C. 显示器 + 键盘　　　　　　　　　　　　D. 键盘 + 扫描仪

8. 一个完整的计算机系统的组成部分的确切提法应该是(　　)。

A. 计算机主机、键盘、显示器和软件　　　　B. 计算机硬件和应用软件

C. 计算机硬件和系统软件　　　　　　　　　D. 计算机硬件和软件

9. 计算机硬件系统主要包括中央处理器(CPU)、存储器、(　　)。

A. 显示器和键盘　　　　　　　　　　　　　B. 打印机和键盘

C. 显示器和鼠标器　　　　　　　　　　　　D. 输入/输出设备

10. 信息处理进入了计算机世界,实质上是进入了(　　)的世界。

　A. 模拟数字　　　　B. 十进制数　　　　　　C. 二进制数　　　　D. 抽象数字

11. 度量计算机运算速度常用的单位是(　　)。

A. MIPS   B. MHz   C. MB/s   D. Mbps

12. 构成 CPU 的主要部件是(   )。

A. 内存和控制器   B. 内存、控制器和运算器

C. 高速缓存和运算器   D. 控制器和运算器

13. 微机硬件系统中最核心的部件是(   )。

A. 内存储器   B. 输入输出设备   C. CPU   D. 硬盘

14. CPU 主要技术性能指标有(   )。

A. 字长、主频和运算速度   B. 可靠性和精度

C. 耗电量和效率   D. 冷却效率

15. 控制器(CU)的功能是(   )。

A. 指挥计算机各部件自动、协调一致地工作

B. 对数据进行算术运算或逻辑运算

C. 控制对指令的读取和译码

D. 控制数据的输入和输出

16. 下列叙述中,正确的是(   )。

A. CPU 能直接读取硬盘上的数据   B. CPU 能直接存取内存储器上的数据

C. CPU 由存储器、运算器和控制器组成   D. CPU 主要用来存储程序和数据

17. CPU 中,除了内部总线和必要的寄存器外,主要的两大部件分别是运算器和(   )。

A. 控制器   B. 存储器   C. Cache   D. 编辑器

18. 通常所说的计算机的主机是指(   )。

A. CPU 和内存   B. CPU 和硬盘

C. CPU、内存和硬盘   D. CPU、内存与 CD-ROM

19. 字长是 CPU 的主要技术性能指标之一,它表示的是(   )。

A. CPU 计算结果的有效数字长度   B. CPU 一次能处理二进制数据的位数

C. CPU 能表示的最大有效数字位数   D. CPU 能表示的十进制整数的位数

20. 微机的销售广告中"P42.4G/256M/80G"中的 2.4G 是表示(   )。

A. CPU 的运算速度为 2.4 GIPS

B. CPU 为 Pentium 4 的 2.4 代

C. CPU 的时钟主频为 2.4 GHz

D. CPU 与内存间的数据交换速率是 2.4 Gbit/s

21. MIPS 指标的含义是(   )。

A. 每秒平均计算万条指令数   B. 每秒平均计算百万条指令数

C. 每秒平均计算万条程序数   D. 每秒平均计算百万条程序数

22. "32 位微机"中的 32 指的是(   )。

A. 微机型号   B. 内存容量   C. 机器字长   D. 存储单元

23. 运算器的完整功能是进行(   )。

A. 逻辑运算   B. 算术运算和逻辑运算

C. 算术运算   D. 逻辑运算和微积分运算

24. 微型计算机通常采用三大总线结构,三大总线不包括( )。

A. 内部总线   B. 地址总线   C. 控制总线   D. 数据总线

25. 组成计算机指令的两个部分是( )。

A. 数据和字符   B. 操作码和地址码

C. 运算符和运算数   D. 运算符和运算结果

26. 下列关于指令系统的描述,正确的是( )。

A. 指令由操作码和控制码两部分组成

B. 指令的地址码部分可能是操作数,也可能是操作数的内存单元地址

C. 指令的地址码部分是不可缺少的

D. 指令的操作码部分描述了完成指令所需的操作数类型

27. 接口的功能不包括( )。

A. 串并转换   B. 记录设备状态   C. 执行程序   D. 数据缓冲

28. 当前流行的移动硬盘或优盘进行读/写利用的计算机接口是( )。

A. 串行接口   B. 平行接口   C. USB   D. UBS

29. 下列叙述中,正确的是( )。

A. 高级语言编写的程序的可移植性差

B. 机器语言就是汇编语言,无非是名称不同而已

C. 指令是由一串二进制数 0 和 1 组成的

D. 用机器语言编写的程序可读性好

30. 把用高级语言编写的源程序转换为可执行程序(.exe),要经过的过程称为( )。

A. 汇编和解释   B. 编辑和链接   C. 编译和链接   D. 解释和编译

31. USB1.1 和 USB2.0 的区别之一在于传输率不同,USB1.1 的传输率是( )。

A. 150 Kbit/s   B. 12 Mbit/s   C. 480 Mbit/s   D. 48 Mbit/s

32. 能直接与 CPU 交换信息的存储器是( )。

A. 硬盘存储器   B. CD-ROM   C. 内存储器   D. U 盘存储器

33. 当电源关闭后,下列关于存储器的说法中,正确的是( )。

A. 存储在 RAM 中的数据不会丢失   B. 存储在 ROM 中的数据不会丢失

C. 存储在 U 盘中的数据会全部丢失   D. 存储在硬盘中的数据会丢失

34. 在计算机中,每个存储单元都有一个连续的编号,此编号称为( )。

A. 地址   B. 位置号   C. 门牌号   D. 房号

35. 用来存储当前正在运行的应用程序和其相应数据的存储器是( )。

A. RAM   B. 硬盘   C. ROM   D. CD-ROM

36. 下列关于磁道的说法中,正确的是( )。

A. 盘面上的磁道是一组同心圆

B. 因为每一磁道的周长不同,所以每一磁道的存储容量也不同

C. 盘面上的磁道是一条阿基米德螺线

D. 磁道的编号是最内圈为 0,并次序由内向外逐渐增大,最外圈的编号最大

37. 在 CD 光盘上标记有"CD-RW"字样,"RW"标记表明该光盘是(　　)。

A. 只能写入一次,可以反复读出的一次性写入光盘

B. 可多次擦除型光盘

C. 只能读出,不能写入的只读光盘

D. 其驱动器单倍速为 1 350 Kbit/s 的高密度可读写光盘

38. ROM 是指(　　)。

A. 随机存储器　　　　B. 只读存储器　　　　C. 外存储器　　　　　　D. 辅助存储器

39. 下列说法中,正确的是(　　)。

A. 软盘的容量远远小于硬盘的容量　　　　B. 硬盘的存取速度比软盘的存取速度慢

C. U 盘的容量远大于硬盘的容量　　　　D. 软盘驱动器是唯一的外部存储设备

40. 随机存储器中,有一种存储器需要周期性地补充电荷以保证所存储信息的正确性,它称为(　　)。

A. 静态 RAM(SRAM)　　　　　　　　B. 动态 RAM(DRAM)

C. RAM　　　　　　　　　　　　　　D. Cache

41. Cache 的中文译名是(　　)。

A. 缓冲器　　　　　　　　　　　　　　B. 只读存储器

C. 高速缓冲存储器　　　　　　　　　　D. 可编程只读存储器

42. 下列各存储器中,存取速度最快的一种是(　　)。

A. Cache　　　　　　B. 动态 RAM(DRAM)　　C. CD-ROM　　　　　　D. 硬盘

43. 在现代的 CPU 芯片中又集成了高速缓冲存储器(Cache),其作用是(　　)。

A. 扩大内存储器的容量

B. 解决 CPU 与 RAM 之间的速度不匹配问题

C. 解决 CPU 与打印机的速度不匹配问题

D. 保存当前的状态信息

44. 英文缩写 ROM 的中文译名是(　　)。

A. 高速缓冲存储器　　　　　　　　　　B. 只读存储器

C. 随机存取存储器　　　　　　　　　　D. U 盘

45. ROM 中的信息是(　　)。

A. 由生产厂家预先写入的　　　　　　　B. 在安装系统时写入的

C. 根据用户需求不同,由用户随时写入的　　D. 由程序临时存入的

46. 下列度量单位中,用来度量计算机内存空间大小的是(　　)。

A. Mbit/s　　　　　　B. MIPS　　　　　　C. GHz　　　　　　D. MB

47. 把硬盘上的数据传送到计算机内存中去的操作称为(　　)。

A. 读盘　　　　　　　B. 写盘　　　　　　C. 输出　　　　　　D. 存盘

48. 随机存取存储器(RAM)的最大特点是(　　)。

A. 存储量极大,属于海量存储器

B.存储在其中的信息可以永久保存

C.一旦断电,存储在其上的信息将全部消失且无法恢复

D.计算机中,只是用来存储数据的

49.CPU 中有一个程序计数器(又称为指令计数器),它用于存储(　　　)。

A.正在执行的指令的内容　　　　　　　B.下一条要执行的指令的内容

C.正在执行的指令的内存地址　　　　　D.下一条要执行的指令的内存地址

50.下列英文缩写和中文名的对照中,错误的是(　　　)。

A.WAN——广域网　　　　　　　　　　B.ISP——因特网服务提供商

C.USB——不间断电源　　　　　　　　　D.RAM——随机存取存储器

51.下面关于 USB 的叙述中,错误的是(　　　)。

A.USB 的中文名为"通用串行总线"

B.USB2.0 的数据传输率大大高于 USB1.1

C.USB 具有热插拔与即插即用的功能

D.USB 接口连接的外部设备(如移动硬盘、U 盘等)必须另外供应电源

52.下面关于随机存取存储器(RAM)的叙述中,正确的是(　　　)。

A.静态 RAM(SRAM)集成度低,但存取速度快且无须"刷新"

B.DRAM 的集成度高且成本高,常作 Cache 用

C.DRAM 的存取速度比 SRAM 快

D.DRAM 中存储的数据断电后不会丢失

53.下列叙述中,错误的是(　　　)。

A.内存储器 RAM 中主要存储当前正在运行的程序和数据

B.高速缓冲存储器(Cache)一般采用 DRAM 构成

C.外部存储器(如硬盘)用来存储必须永久保存的程序和数据

D.存储在 RAM 中的信息会因断电而全部丢失

54.CPU 的指令系统又称为(　　　)。

A.汇编语言　　　　　B.机器语言　　　　　C.程序设计语言　　　　　D.符号语言

55.微型计算机存储系统中,PROM 是(　　　)。

A.可读/写存储器　　　　　　　　　　　B.动态随机存储器

C.只读存储器　　　　　　　　　　　　　D.可编程只读存储器

56.CD-ROM 是(　　　)。

A.大容量可读可写外存储器　　　　　　B.大容量只读外部存储器

C.可直接与 CPU 交换数据的存储器　　　D.只读内部存储器

57.下列关于 CD-R 光盘的描述中,错误的是(　　　)。

A.只能写入一次,可以反复读出的一次性写入光盘

B.可多次擦除型光盘

C.以用来存储大量用户数据的,一次性写入的光盘

D.CD-R 是 Compact Disc Recordable 的缩写

58. U 盘属于( )。

A. 内部存储器　　　　　B. 外部存储器　　　　　C. 只读存储器　　　　　D. 输出设备

59. 下列说法中,正确的是( )。

A. 硬盘的容量远大于内存的容量

B. 硬盘的盘片是可以随时更换的

C. U 盘的容量远大于硬盘的容量

D. 硬盘安装在机箱内,它是主机的组成部分

60. 下列叙述中,正确的是( )。

A. CPU 能直接读取硬盘上的数据　　　　　B. CPU 能直接存取内存储器

C. CPU 由存储器、运算器和控制器组成　　　　　D. CPU 主要用来存储程序和数据

61. 显示器的主要技术指标之一是( )。

A. 分辨率　　　　　B. 扫描频率　　　　　C. 质量　　　　　D. 耗电量

62. 下列英文缩写和中文名的对照中,错误的是( )。

A. URL——统一资源定位器　　　　　B. LAN——局域网

C. ISDN——综合业务数字网　　　　　D. ROM——随机存取存储器

63. 下列存储器中,存取周期最短的是( )。

A. 硬盘存储器　　　　　B. CD-ROM　　　　　C. DRAM　　　　　D. SRAM

64. UPS 的中文译名是( )。

A. 稳压电源　　　　　B. 不间断电源　　　　　C. 高能电源　　　　　D. 调压电源

65. 通常打印质量最好的打印机是( )。

A. 针式打印机　　　　　B. 点阵打印机　　　　　C. 喷墨打印机　　　　　D. 激光打印机

66. 用来存储当前正在运行的应用程序的存储器是( )。

A. 内存　　　　　B. 硬盘　　　　　C. 软盘　　　　　D. CD-ROM

67. 下列叙述中,正确的是( )。

A. 字长为 16 位,表示这台计算机最大能计算一个 16 位的十进制数

B. 字长为 16 位,表示这台计算机的 CPU 一次能处理 16 位二进制数

C. 运算器只能进行算术运算

D. SRAM 的集成度高于 DRAM

68. 下列说法中,错误的是( )。

A. 硬盘驱动器和盘片是密封在一起的,不能随意更换盘片

B. 硬盘是由多张盘片组成的盘片组

C. 硬盘的技术指标除容量外,另一个是转速

D. 硬盘安装在机箱内,属于主机的组成部分

69. 对微机用户来说,为了防止计算机意外故障而丢失重要数据,对重要数据应定期进行备份。下列移动存储器中,最不常用的一种是( )。

A. 软盘　　　　　B. USB 移动硬盘　　　　　C. U 盘　　　　　D. 磁带

70. 在计算机指令中,规定其所执行操作功能的部分称为( )。

A. 地址码   B. 源操作数   C. 操作数   D. 操作码

71. 计算机操作系统通常具有的五大功能是（　　）。

A. CPU 管理、显示器管理、键盘管理、打印机管理和鼠标器管理

B. 硬盘管理、U 盘管理、CPU 管理、显示器管理和键盘管理

C. CPU 管理、存储管理、文件管理、设备管理和作业管理

D. 启动、打印、显示、文件存取和关机

72. 操作系统中的文件管理系统为用户提供的功能是（　　）。

A. 按文件作者存取文件   B. 按文件名管理文件

C. 按文件创建日期存取文件   D. 按文件大小存取文件

73. 下列各组软件中，全部属于系统软件的一组是（　　）。

A. 2110 程序语言处理程序、操作系统、数据库管理系统

B. 文字处理程序、编辑程序、操作系统

C. 财务处理软件、金融软件、网络系统

D. WPS Office 2003、Excel 2000、Windows 98

74. 操作系统将 CPU 的时间资源划分成极短的时间片，轮流分配给各终端用户，使终端用户单独分享 CPU 的时间片，有独占计算机的感觉，这种操作系统称为（　　）。

A. 实时操作系统   B. 批处理操作系统

C. 分时操作系统   D. 分布式操作系统

75. 操作系统管理用户数据的单位是（　　）。

A. 扇区   B. 文件   C. 磁道   D. 文件夹

76. 计算机软件系统包括（　　）。

A. 系统软件和应用软件   B. 编译系统和应用软件

C. 数据库管理系统和数据库   D. 程序和文档

77. 计算机软件的确切含义是（　　）。

A. 计算机程序、数据与相应文档的总称

B. 系统软件与应用软件的总和

C. 操作系统、数据库管理软件与应用软件的总和

D. 各类应用软件的总称

78. 用高级程序设计语言编写的程序（　　）。

A. 计算机能直接执行   B. 具有良好的可读性和可移植性

C. 执行效率高   D. 依赖于具体机器

79. 计算机系统软件中，最基本、最核心的软件是（　　）。

A. 操作系统   B. 数据库管理系统

C. 程序语言处理系统   D. 系统维护工具

80. 下列软件中，属于系统软件的是（　　）。

A. 航天信息系统   B. Office 2003

C. Windows Vista   D. 决策支持系统

81. 计算机硬件能直接识别、执行的语言是( )。

A. 汇编语言   B. 机器语言   C. 高级程序语言   D. C++语言

82. 下列各类计算机程序语言中,不属于高级程序设计语言的是( )。

A. Visual Basic 语言   B. FORTAN 语言   C. C++语言   D. 汇编语言

83. 微机上广泛使用的 Windows 7 是( )。

A. 多用户、多任务操作系统   B. 单用户、多任务操作系统

C. 实时操作系统   D. 多用户分时操作系统

84. 为了提高软件开发效率,开发软件时应尽量采用( )。

A. 汇编语言   B. 机器语言   C. 指令系统   D. 高级语言

85. 下列软件中,不是操作系统的是( )。

A. Linux   B. Unix   C. MS-DOS   D. MS-Office

86. 按操作系统的分类,Unix 操作系统是( )。

A. 批处理操作系统   B. 实时操作系统

C. 分时操作系统   D. 单用户操作系统

二、填空题

1. 计算机由 5 个部分组成,分别为_____、_____、_____、_____和输出设备。

2. 运算器是执行_____和_____运算的部件。

3. 计算机中系统软件的核心是_____,它主要用来控制和管理计算机的所有软硬件资源。

4. 应用软件中对文件的"打开"功能,实际上是将数据从辅助存储器中取出,传送到_____的过程。

5. 软件系统分为_____软件和_____软件。

6. 没有软件的计算机称为_____。

7. _____是计算机唯一能直接执行的语言。

8. 通常一条指令由_____和_____组成。

9. 计算机中指令的执行过程可用 4 个步骤来描述,它们依次是取出指令、_____、执行指令和为下一条指令作好准备。

10. 微处理器是把运算器和_____作为一个整体,采用大规模集成电路集成在一块芯片上。

第3章　数据在计算机中的表示

选择题

1. 20 GB 的硬盘表示容量约为（　　）。

A. 20 亿个字节　　　　　　　　　　　　B. 20 亿个二进制位

C. 200 亿个字节　　　　　　　　　　　　D. 200 亿个二进制位

2. 在计算机中，西文字符所采用的编码是（　　）。

A. EBCDIC 码　　　B. ASCII 码　　　　　C. 国标码　　　　D. BCD 码

3. 在一个非零无符号二进制整数之后添加一个"0"，则此数的值为原数的（　　）。

A. 4 倍　　　　　　B. 2 倍　　　　　　　C. 1/2 倍　　　　　D. 1/4 倍

4. 在计算机中，组成一个字节的二进制位数是（　　）。

A. 1　　　　　　　B. 2　　　　　　　　C. 4　　　　　　　D. 8

5. 下列关于 ASCII 编码的叙述中，正确的是（　　）。

A. 一个字符的标准 ASCII 码占一个字节，其最高二进制位总为 1

B. 所有大写英文字母的 ASCII 码值都小于小写英文字母'a'的 ASCII 码值

C. 所有大写英文字母的 ASCII 码值都大于小写英文字母'a'的 ASCII 码值

D. 标准 ASCII 码表有 256 个不同的字符编码

6. 如果删除一个非零无符号二进制偶整数后的 2 个 0，则此数的值为原数的（　　）。

A. 4 倍　　　　　　B. 2 倍　　　　　　　C. 1/2　　　　　　D. 1/4

7. 假设某台式计算机的内存储器容量为 256 MB，硬盘容量为 40 GB。硬盘的容量是内存容量的（　　）。

A. 200 倍　　　　　B. 160 倍　　　　　　C. 120 倍　　　　　D. 100 倍

8. 在 ASCII 码表中，根据码值由小到大的排列顺序是（　　）。

A. 空格字符、数字符、大写英文字母、小写英文字母

B. 数字符、空格字符、大写英文字母、小写英文字母

C. 空格字符、数字符、小写英文字母、大写英文字母

D. 数字符、大写英文字母、小写英文字母、空格字符

9. 字长是 CPU 的主要性能指标之一，它表示（　　）。

A. CPU 一次能处理二进制数据的位数　　　B. CPU 最长的十进制整数的位数

C. CPU 最大的有效数字位数　　　　　　　D. CPU 计算结果的有效数字长度

10. 十进制数 18 转换成二进制数是( )。

A. 010101　　　　　B. 101000　　　　　C. 010010　　　　　D. 001010

11. 下列不能用作存储容量单位的是( )。

A. Byte　　　　　B. GB　　　　　C. MIPS　　　　　D. KB

12. 在科学计算时,经常会遇到"溢出",这是指( )。

A. 数值超出了内存容量　　　　　　　　B. 数值超出了机器的位所表示的范围

C. 数值超出了变量的表示范围　　　　　D. 计算机出故障了

13. 在计算机中存储一个汉字信息需要( )字节存储空间。

A. 1　　　　　B. 2　　　　　C. 3　　　　　D. 4

14. 1 GB 的准确值是( )。

A. 1 024×1 024 Byte　　　　　　　　B. 1 024 KB

C. 1 024 MB　　　　　　　　　　　　D. 1 000×1 000 KB

15. 在标准 ASCII 码表中,已知英文字母 K 的十六进制码值是 4B,则二进制 ASCII 码 1001000 对应的字符是( )。

A. G　　　　　B. H　　　　　C. I　　　　　D. J

16. 区位码输入法的最大优点是( )。

A. 只用数码输入,方法简单、容易记忆　　B. 易记易用

C. 一字一码,无重码　　　　　　　　　D. 编码有规律,不易忘记

17. 在标准 ASCII 码表中,已知英文字母 A 的 ASCII 码是 01000001,则英文字母 E 的 ASCII 码是( )。

A. 01000011　　　　　B. 01000100　　　　　C. 01000101　　　　　D. 01000010

18. 十进制数 100 转换成无符号二进制整数是( )。

A. 0110101　　　　　B. 01101000　　　　　C. 01100100　　　　　D. 01100110

19. 用 8 位二进制数能表示的最大无符号整数等于十进制整数( )。

A. 255　　　　　B. 256　　　　　C. 128　　　　　D. 127

20. 无符号二进制整数 01011010 转换成十进制整数是( )。

A. 80　　　　　B. 82　　　　　C. 90　　　　　D. 92

21. 在标准 ASCII 码表中,已知英文字母 A 的 ASCII 码是 01000001,英文字母 F 的 ASCII 码是( )。

A. 01000011　　　　　B. 01000100　　　　　C. 01000101　　　　　D. 01000110

22. 在标准 ASCII 编码表中,数字码、小写英文字母和大写英文字母的前后次序是( )。

A. 数字、小写英文字母、大写英文字母　　B. 小写英文字母、大写英文字母、数字

C. 数字、大写英文字母、小写英文字母　　D. 大写英文字母、小写英文字母、数字

23. 无符号二进制整数 01110101 转换成十进制整数是( )。

A. 113　　　　　B. 115　　　　　C. 116　　　　　D. 117

24. 在计算机硬件技术指标中,度量存储器空间大小的基本单位是( )。

A. 字节（Byte）   B. 二进位（bit）

C. 字（Word）   D. 双字（Double Word）

25. 数据在计算机内部传送、处理和存储时，采用的数制是（   ）。

A. 十进制   B. 二进制   C. 八进制   D. 十六进制

26. 在下列字符中，其 ASCII 码值最小的一个是（   ）。

A. 空格字符   B. 9   C. A   D. a

27. 根据汉字国标码 GB 2312—80 的规定，存储一个汉字的内码需用的字节个数是（   ）。

A. 4   B. 3   C. 2   D. 1

28. 在标准 ASCII 码表中，已知英文字母 A 的 ASCII 码是 01000001，则英文字母 E 的 ASCII 码是（   ）。

A. 01000011   B. 01000100   C. 01000101   D. 01000010

29. 现代计算机中采用二进制数制是因为二进制数的优点是（   ）。

A. 代码表示简短，易读

B. 物理上容易实现且简单可靠，运算规则简单，适合逻辑运算

C. 容易阅读，不易出错

D. 只有 0,1 两个符号，容易书写

30. 设任意一个十进制整数 D，转换成对应的无符号二进制整数为 B，那么就这两个数字的长度（即位数）而言，B 与 D 相比（   ）。

A. B 的数字位数一定小于 D 的数字位数

B. B 的数字位数一定大于 D 的数字位数

C. B 的数字位数小于或等于 D 的数字位数

D. B 的数字位数大于或等于 D 的数字位数

31. KB（千字节）是度量存储器容量大小的常用单位之一，1 KB 等于（   ）。

A. 1 000 个字节   B. 1 024 个字节   C. 1 000 个二进位   D. 1 024 个字

32. 汉字的区位码是由一个汉字在国标码表中的行号（即区号）和列号（即位号）组成。正确的区号、位号的范围是（   ）。

A. 区号 1～95，位号 1～95   B. 区号 1～94，位号 1～94

C. 区号 0～94，位号 0～94   D. 区号 0～95，位号 0～95

33. 一个汉字的内码和它的国标码之间的差是（   ）。

A. 2020H   B. 4040H   C. 8080H   D. A0A0H

34. 假设某台式计算机的内存储器容量为 256 MB，硬盘容量为 40 GB。硬盘的容量是内存容量的（   ）。

A. 200 倍   B. 160 倍   C. 120 倍   D. 100 倍

35. 设已知一汉字的国标码是 5E48H，则其内码应该是（   ）。

A. DE48H   B. DEC8H   C. 5EC8H   D. 7E68H

36. 在微型计算机内部，对汉字进行传输、处理和存储时使用汉字的（   ）。

A. 国标码   B. 字形码   C. 输入码   D. 机内码

37. 无符号二进制整数 01001001 转换成十进制整数是(　　　)。

A. 69   B. 71   C. 73   D. 75

38. 在下列字符中,其 ASCII 码值最大的一个是(　　　)。

A. 空格字符   B. 9   C. Z   D. a

39. 一个汉字的机内码与国标码之间的差别是(　　　)。

A. 前者各字节的最高二进制位的值均为 1,而后者均为 0

B. 前者各字节的最高二进制位的值均为 0,而后者均为 1

C. 前者各字节的最高二进制位的值各为 1 和 0,而后者为 0 和 1

D. 前者各字节的最高二进制位的值各为 0 和 1,而后者为 1 和 0

40. 在标准 ASCII 码表中,已知英文字母 A 的 ASCII 码是 01000001,英文字母 D 的 ASCII 码是(　　　)。

A. 01000011   B. 01000100   C. 01000101   D. 01000110

41. 一个字长为 7 位的无符号二进制整数能表示的十进制数值范围是(　　　)。

A. 0 ~ 256   B. 0 ~ 255   C. 0 ~ 128   D. 0 ~ 127

42. 已知"装"字的拼音输入码是"zhuang",而"大"字的拼音输入码是"da",则存储它们的内码分别需要的字节个数是(　　　)。

A. 6,2   B. 3,1   C. 2,2   D. 3,2

43. 根据汉字国标码 GB 2312—80 的规定,将汉字分为常用汉字(一级)和非常用汉字(二级)两级。一级常用汉字的排列是按(　　　)。

A. 偏旁部首   B. 汉语拼音字母   C. 笔画多少   D. 使用频率多少

44. 存储一个 48 × 48 点阵的汉字字形码需要的字节个数是(　　　)。

A. 384   B. 288   C. 256   D. 144

45. 根据汉字国标码 GB 2312—80 的规定,一级常用汉字数有(　　　)。

A. 3 477 个   B. 3 575 个   C. 3 755 个   D. 7 445 个

46. 下列字符中,其 ASCII 码值最大的是(　　　)。

A. 9   B. D   C. a   D. y

47. 下列 4 条叙述中,正确的一条是(　　　)。

A. 假如 CPU 向外输出 20 位地址,则它能直接访问的存储空间可达 1 MB

B. PC 机在使用过程中突然断电,SRAM 中存储的信息不会丢失

C. PC 机在使用过程中突然断电,DRAM 中存储的信息不会丢失

D. 外存储器中的信息可直接被 CPU 处理

48. 根据数制的基本概念,下列各进制的整数中,值最小的一个是(　　　)。

A. 十进制数 10   B. 八进制数 10

C. 十六进制数 10   D. 二进制数 10

49. 与十六进制数 CD 等值的十进制数是(　　　)。

A. 204   B. 205   C. 206   D. 203

50. 与十进制数 245 等值的二进制数是( )。

A. 11110101   B. 11101111   C. 11111011   D. 11101110

51. 一个字长为 5 位的无符号二进制数能表示的十进制数值范围是( )。

A. 1 ~ 32   B. 0 ~ 31   C. 1 ~ 31   D. 0 ~ 32

52. 在计算机中,每个存储单元都有一个连续的编号,此编号称为( )。

A. 地址   B. 位置号   C. 门牌号   D. 房号

53. 执行二进制逻辑乘运算(即逻辑与运算)01011001 ∧ 10100111,其运算结果是( )。

A. 00000000   B. 1111111   C. 00000001   D. 1111110

54. 下列 4 个无符号十进制整数中,能用 8 个二进制位表示的是( )。

A. 257   B. 201   C. 313   D. 296

55. 计算机内部采用的数制是( )。

A. 十进制   B. 二进制   C. 八进制   D. 十六进制

56. 假设某台式计算机的内存储器容量为 128 MB,硬盘容量为 10 GB。硬盘的容量是内存容量的( )。

A. 40 倍   B. 60 倍   C. 80 倍   D. 100 倍

57. 下列说法中,正确的是( )。

A. 同一个汉字的输入码的长度随输入方法不同而不同

B. 一个汉字的区位码与它的国标码是相同的,且均为 2 B

C. 不同汉字的机内码的长度是不相同的

D. 同一汉字用不同的输入法输入时,其机内码是不相同的

58. 标准 ASCII 码字符集有 128 个不同的字符代码,它所使用的二进制位数是( )。

A. 6   B. 7   C. 8   D. 16

59. 在计算机中,信息的最小单位是( )。

A. bit   B. Byte   C. Word   D. Double Word

60. 在标准 ASCII 码表中,英文字母 a 和 A 的码值之差的十进制值是( )。

A. 20   B. 32   C. −20   D. −32

61. 下列关于汉字编码的叙述中,错误的是( )。

A. BIG5 码是通行于香港和台湾地区的繁体汉字编码

B. 一个汉字的区位码就是它的国标码

C. 无论两个汉字的笔画数目相差多大,但它们的机内码的长度是相同的

D. 同一汉字用不同的输入法输入时,其输入码不同但机内码却是相同的

62. 在数制转换中,正确的叙述是( )。

A. 对相同的十进制整数(>1),其转换结果的位数的变化趋势随着基数 R 的增大而减少

B. 对相同的十进制整数(>1),其转换结果的位数的变化趋势随着基数 R 的增大而增加

C. 不同数制的数字符是各不相同的,没有一个数字符是一样的

D. 对同一个整数值的二进制数表示的位数一定大于十进制数字的位数

63. 下列叙述中,正确的是(　　　　)。

A. 一个字符的标准 ASCII 码占一个字节的存储量,其最高位二进制总为 0

B. 大写英文字母的 ASCII 码值大于小写英文字母的 ASCII 码值

C. 同一个英文字母(如字母 A)的 ASCII 码和它在汉字系统下的全角内码是相同的

D. 标准 ASCII 码表的每一个 ASCII 码都能在屏幕上显示成一个相应的字符

64. 按照数的进位制概念,下列各个数中正确的八进制数是(　　　　)。

　　A. 1101　　　　　　　B. 7081　　　　　　　　C. 1109　　　　　　　　D. B03A

65. 假设某台式计算机内存储器的容量为 1 KB,其最后一个字节的地址是(　　　　)。

　　A. 1023H　　　　　　B. 1024H　　　　　　　C. 0400H　　　　　　　D. 03FFH

66. 计算机的存储器中,组成一个字节(Byte)的二进制位(bit)个数是(　　　　)。

　　A. 4　　　　　　　　B. 8　　　　　　　　　　C. 16　　　　　　　　　D. 32

67. 已知英文字母 m 的 ASCII 码值为 6DH,那么字母 q 的 ASCII 码值是(　　　　)。

　　A. 70H　　　　　　　B. 71H　　　　　　　　C. 72H　　　　　　　　D. 6FH

68. 在计算机内部用来传送、存储、加工处理的数据或指令所采用的形式是(　　　　)。

　　A. 十进制码　　　　B. 二进制码　　　　　C. 八进制码　　　　　　D. 十六进制码

69. 一个字长为 6 位的无符号二进制数能表示的十进制数值范围是(　　　　)。

　　A. 0～64　　　　　　B. 0～63　　　　　　　C. 1～64　　　　　　　D. 1～63

70. 根据汉字国标码 GB 2312—80 的规定,一个汉字的内码码长为(　　　　)。

　　A. 8 bit　　　　　　B. 12 bit　　　　　　　C. 16 bit　　　　　　　D. 24 bit

71. 已知 3 个字符为 a,X 和 5,按它们的 ASCII 码值升序排序,结果是(　　　　)。

　　A. 5,a,X　　　　　　B. a,5,X　　　　　　　C. X,a,5　　　　　　　D. 5,X,a

72. 一个字符的标准 ASCII 码的长度是(　　　　)。

　　A. 7 bit　　　　　　B. 8 bit　　　　　　　C. 16 bit　　　　　　　D. 6 bit

73. 设任意一个十进制整数为 D,转换成二进制数为 B。根据数制的概念,下列叙述中正确的是(　　　　)。

　　A. 数字 B 的位小于数字 D 的位　　　　　　B. 数字 B 的位不大于数字 D 的位

　　C. 数字 B 的位不小于数字 D 的位　　　　　　D. 数字 B 的位大于数字 D 的位

74. 区位码输入法的最大优点是(　　　　)。

　　A. 只用数码输入,方法简单、容易记忆　　　　B. 易记、易用

　　C. 一字一码,无重码　　　　　　　　　　　　D. 编码有规律,不易忘记

75. 已知一汉字的国标码是 5E38,其内码应是(　　　　)。

　　A. DEB8　　　　　　B. DE38　　　　　　　C. 5EB8　　　　　　　D. 7E58

76. 已知 a=00111000B 和 b=2FH,则两者比较的正确不等式是(　　　　)。

　　A. a>b　　　　　　B. a=b　　　　　　　C. a<b　　　　　　　D. 不能比较

77. 在下列字符中,其 ASCII 码值最小的一个是(　　　　)。

A.9　　　　　　　　B.p　　　　　　　　C.Z　　　　　　　　D.a

78.按照数的进位制概念,下列各数中正确的八进制数是(　　　)。

A.8707　　　　　　B.1101　　　　　　C.4109　　　　　　D.10BF

79.一个汉字的内码长度为 2 B,其每个字节的最高二进制位的值分别为(　　　)。

A.0,0　　　　　　B.1,1　　　　　　C.1,0　　　　　　D.0,1

80.已知 3 个字符为 A,Z 和 8,按它们的 ASCII 码值升序排序,结果是(　　　)。

A.8,A,Z　　　　　B.A,8,Z　　　　　C.A,Z,8　　　　　D.8,Z,A

81.下列编码中,正确的汉字机内码是(　　　)。

A.6EF6H　　　　　B.FB6FH　　　　　C.A3A3H　　　　　D.C97CH

82.一个汉字的 16×16 点阵字形码长度为(　　　)B。

A.16　　　　　　　B.24　　　　　　　C.32　　　　　　　D.40

83.设一个十进制整数为 D>1,转换成十六进制数为 H。根据数制的概念,下列叙述中正确的是(　　　)。

A.数字 H 的位数≥数字 D 的位数　　　　B.数字 H 的位数≤数字 D 的位数
C.数字 H 的位数<数字 D 的位数　　　　D.数字 H 的位数>数字 D 的位数

84.存储 1 024 个 24×24 点阵的汉字字形码需要的字节数是(　　　)。

A.720 B　　　　　B.72 KB　　　　　C.7 000 B　　　　　D.7 200 B

85.十进制数 60 转换成无符号二进制整数是(　　　)。

A.0111100　　　　B.0111010　　　　C.0111000　　　　D.0110110

86.无符号二进制整数 110111 转换成十进制数是(　　　)。

A.49　　　　　　　B.51　　　　　　　C.53　　　　　　　D.55

87.字长为 6 位的无符号二进制整数最大能表示的十进制整数是(　　　)。

A.64　　　　　　　B.63　　　　　　　C.32　　　　　　　D.31

88.在计算机中,对汉字进行传输、处理和存储时使用汉字的(　　　)。

A.字形码　　　　　B.国标码　　　　　C.输入码　　　　　D.机内码

89.汉字区位码分别用十进制的区号和位号表示。其区号和位号的范围分别是(　　　)。

A.0~94,0~94　　B.1~95,1~95　　C.1~94,1~94　　D.0~95,0~95

90.下列两个二进制数进行算术加运算,100001+000111=(　　　)。

A.101110　　　　　B.101000　　　　　C.101010　　　　　D.100101

91.王码五笔字型输入法属于(　　　)。

A.音码输入法　　　B.形码输入法　　　C.音形结合输入法　　D.联想输入法

92.根据汉字国标码 GB 2312—80 的规定,总计有各类符号和一、二级汉字编码(　　　)。

A.7 145 个　　　　B.7 445 个　　　　C.3 008 个　　　　D.3 755 个

93.汉字输入码可分为有重码和无重码两类,下列属于无重码类的是(　　　)。

A.全拼码　　　　　B.自然码　　　　　C.区位码　　　　　D.简拼码

94.汉字国标码 GB 2312—80 把汉字分成(　　　)。

A.简化字和繁体字两个等级

B. 一级汉字、二级汉字和三级汉字 3 个等级

C. 一级常用汉字和二级次常用汉字两个等级

D. 常用字、次常用字和罕见字 3 个等级

95. 根据汉字国标码 GB 2312—80 的规定,1 KB 存储容量可以存储汉字的内码个数是( )。

A. 1 024　　　　　B. 512　　　　　C. 256　　　　　D. 约 341

96. 五笔字型汉字输入法的编码属于( )。

A. 音码　　　　　B. 形声码　　　　　C. 区位码　　　　　D. 形码

97. 下列编码中,属于正确的汉字内码的是( )。

A. 5EF6H　　　　　B. FB67H　　　　　C. A3B3H　　　　　D. C97DH

98. 根据汉字国标码 GB 2312—80 的规定,将汉字分为常用汉字和次常用汉字两级。次常用汉字的排列次序是按( )。

A. 偏旁部首　　　　　B. 汉语拼音字母　　　　　C. 笔画多少　　　　　D. 使用频率多少

99. 假设某台式计算机的内存储器容量为 256 MB,硬盘容量为 20 GB。硬盘的容量是内存容量的( )。

A. 40 倍　　　　　B. 60 倍　　　　　C. 80 倍　　　　　D. 100 倍

100. 用 8 位二进制数能表示的最大无符号整数等于十进制整数( )。

A. 255　　　　　B. 256　　　　　C. 128　　　　　D. 127

101. 已知汉字"家"的区位码是 2850,则其国标码是( )。

A. 4870D　　　　　B. 3C52H　　　　　C. 9CB2H　　　　　D. A8D0H

102. 字符比较大小实际是比较它们的 ASCII 码值,正确的比较是( )。

A. 'A'比'B'大　　　　　　　　　　B. 'H'比'h'小

C. 'F'比'D'小　　　　　　　　　　D. '9'比'D'大

103. 下列 4 个 4 位十进制数中,属于正确的汉字区位码的是( )。

A. 5601　　　　　B. 9596　　　　　C. 9678　　　　　D. 8799

104. 在标准 ASCII 码表中,已知英文字母 A 的十进制码值是 65,英文字母 a 的十进制码值是( )。

A. 95　　　　　B. 96　　　　　C. 97　　　　　D. 91

105. 已知 a = 00101010B 和 b = 40D,下列关系式成立的是( )。

A. a > b　　　　　B. a = b　　　　　C. a < b　　　　　D. 不能比较

106. 已知 3 个用不同数制表示的整数 A = 00111101B, B = 3CH, C = 64D,则能成立的比较关系是( )。

A. A < B < C　　　　　B. B < C < A　　　　　C. B < A < C　　　　　D. C < B < A

107. 已知 A = 10111110B, B = AEH, C = 184D,下列关系成立的不等式是( )。

A. A < B < C　　　　　B. B < C < A　　　　　C. B < A < C　　　　　D. C < B < A

第4章 操作系统基础

选择题

1. Windows 7 操作系统的主要功能是( )。

A. 实现软、硬件转换   B. 管理计算机系统所有的软、硬件

C. 把源程序转换为目标程序   D. 进行数据处理

2. 关于 Windows 7 操作系统,下列说法正确的是( )。

A. 是用户与软件的接口   B. 不是图形用户界面操作系统

C. 是用户与计算机的接口   D. 属于应用软件

3. Windows 7 操作系统的特点不包括( )。

A. 图形界面

B. 多任务

C. 即插即用(英文为 Plug-and-Play,缩写为 PnP)

D. 卫星通信

4. Windows 7 系统提供的用户界面是( )。

A. 交互式的问答界面   B. 显示器界面

C. 交互式的字符界面   D. 交互式的图形界面

5. 装有 Windows 7 系统的计算机正常启动后,在屏幕上首先看到的是( )。

A. Windows 7 的桌面   B. 关闭 Windows 7 的对话框

C. 有关帮助信息   D. 出错信息

6. 下列关于 Windows 7 的"关闭选项"说法中不正确的是( )。

A. 选择"锁定"选项,若要再次使用计算机一般来说必须输入密码

B. 计算机进入"睡眠"状态时将关闭正在运行的应用程序

C. 若需要退出当前用户而转入另一个用户环境,可通过"注销"选项来实现

D. 通过"切换用户"选项也能快速地退出当前用户,并回到"用户登录界面"

7. 在 Windows 7 中,下列说法不正确的是( )。

A. 可以建立多个用户账户   B. 只能一个用户账户访问系统

C. 当前用户账户可以切换   D. 可以注销当前用户账户

8. 关于 Windows 7 运行环境,下列说法正确的是( )。

A. 对内存容量没有要求   B. 对处理器配置没有要求

C. 对硬件配置有一定要求   D. 对硬盘配置没有要求

9. 在 Windows 7 的支持下,用户(　　)。

A. 最多只能打开一个应用程序窗口

B. 最多只能打开一个应用程序窗口和一个文档窗口

C. 最多只能打开一个应用程序窗口,而文档窗口可以打开多个

D. 可以打开多个应用程序窗口和多个文档窗口

10. 在 Windows 7 中,对桌面背景的设置可以通过(　　)。

A. 鼠标右键单击"我的电脑",选择"属性"菜单项

B. 鼠标右键单击"开始"菜单

C. 鼠标右键单击桌面空白区,选择"个性化"菜单项

D. 鼠标右键单击任务栏空白区,选择"属性"菜单项

11. 在 Windows 7 中,如果要删除桌面上的图标或快捷图标则可以通过(　　)。

A. 按鼠标右键单击桌面空白区,然后选择弹出式菜单中相应的命令项

B. 在图标上单击左键,然后选择弹出式菜单中相应的命令项

C. 在图标上单击右键,然后选择弹出式菜单中相应的命令项

D. 以上操作均不对

12. 在 Windows 7 中,关于桌面上的图标,下列说法正确的是(　　)。

A. 删除桌面上的应用程序的快捷方式图标,就是删除对应的应用程序文件

B. 删除桌面上的应用程序的快捷方式图标,并未删除对应的应用程序文件

C. 在桌面上建立应用程序的快捷方式图标,就是将对应的应用程序文件复制到桌面上

D. 在桌面上只能建立应用程序的快捷方式图标,而不能建立文件夹的快捷方式图标

13. 在 Windows 7 中,"我的文档"含有 3 个特殊的系统自动建立的个人文件夹,以下不属于这些文件夹的是(　　)。

A. "我的图片"   B. "我的视频"

C. "我的音乐"   D. "打开的文档"

14. 在 Windows 7 中,用鼠标左键单击"开始"按钮,可以打开(　　)。

A. 快捷菜单   B. 开始菜单   C. 下拉菜单   D. 对话框

15. 在 Windows 7 中,为获得相关软件的帮助信息一般按的键是(　　)。

A. F1   B. F2   C. F3   D. F4

16. 在 Windows 7 中,打开 Windows 7 资源管理器窗口,在该窗口的右上角有一个搜索框,如果要搜索第 1 个字符是"a",扩展名是"txt"的所有文本文件,则可在搜索框中输入(　　)。

A. ? a. txt   B. a＊. txt   C. ＊.＊   D. a?. txt

17. Windows 7 的"桌面"是指(　　)。

A. 整个屏幕   B. 全部窗口   C. 某个窗口   D. 活动窗口

18. 在 Windows 7 中,除了锁定在任务栏程序图标外,任务栏上的"程序按钮区"(　　)。

A. 只有程序当前窗口的图标

B. 只有已经打开的文件名

C. 所有已打开窗口的图标

D. 以上说法都不正确

19. 在 Windows 7 桌面底部的任务栏中,可能出现的图标有( )。

A. "开始"按钮、打开应用程序窗口的最小化图标按钮、"计算机"图标

B. "开始"按钮、锁定在任务栏上的"资源管理器"图标按钮、"计算机"图标

C. "开始"按钮、锁定在任务栏上的"资源管理器"图标按钮、打开应用程序窗口的最小
化图标按钮、位于通知区的系统时钟、音量等图标按钮

D. 以上说法都不正确

20. 在 Windows 7 中,任务栏右端的"通知区域"显示的是( )。

A. 语言图标(即输入法切换图标)、音量控制图标、系统时钟等按钮

B. 用于多个应用程序之间切换的图标

C. 锁定在任务栏上的"资源管理器"图标按钮

D. "开始"按钮

21. 在 Windows 7 中,"任务栏"的其中一个作用是( )。

A. 显示系统的所有功能   B. 实现被打开的窗口之间的切换

C. 只显示当前活动窗口名   D. 只显示正在后台工作的窗口名

22. 在 Windows 7 中,"Alt + Tab"键的作用是( )。

A. 关闭应用程序   B. 打开应用程序的控制菜单

C. 应用程序之间相互切换   D. 打开"开始"菜单

23. 在 Windows 7 中,不能在"任务栏"内进行的操作是( )。

A. 排列桌面图标   B. 设置系统日期和时间

C. 切换窗口   D. 启动"开始"菜单

24. 在 Windows 7 中,要在同一个屏幕上同时并排显示多个应用程序窗口的正确操作方
法是( )。

A. 在任务栏空白区单击鼠标右键,在弹出的快捷菜单中选择"堆叠显示窗口"命令

B. 在任务栏空白区单击鼠标右键,在弹出的快捷菜单中选择"并排显示窗口"命令

C. 在桌面空白区单击鼠标右键,在弹出的快捷菜单中选择"并排显示窗口"命令

D. 右击"开始"按钮,选择"打开 Windows 7 资源管理器"命令,在出现窗口中排列

25. 关于 Windows 7 任务栏,下列说法不正确的是( )。

A. 一般来说,任务栏位于桌面的底部

B. 应用程序的窗口被打开,任务栏程序按钮区就有相应的程序和文件的按钮图标出现

C. 应用程序窗口被"最小化"后,任务栏中不会留有代表它的按钮图标

D. 用鼠标单击任务栏程序按钮区的"最小化"按钮图标后,即可使它恢复成原来的窗口

26. 关于"开始"菜单,下列说法正确的是( )。

A. "开始"菜单的内容是固定不变的

B. "开始"菜单的"常用程序"列表是固定不变的

C. 在"开始"菜单的"所有程序"菜单项中,用户可以查到系统中安装的所有应用程序

D. "开始"菜单可以删除

27. 在 Windows 7 中,不能对窗口进行的操作是(　　　)。

A. 粘贴　　　　　　B. 移动　　　　　　C. 大小调整　　　　　D. 关闭

28. 用鼠标双击窗口的标题栏,则(　　　)。

A. 关闭窗口　　　　　　　　　　　　B. 最小化窗口

C. 移动窗口的位置　　　　　　　　　D. 改变窗口的大小

29. 在 Windows 7 中,要移动桌面上的图标,需要使用的鼠标操作是(　　　)。

A. 单击　　　　　　B. 双击　　　　　　C. 拖放　　　　　　D. 移动鼠标

30. 在 Windows 7 中,要实现同时改变窗口的高度和宽度,可以拖放(　　　)。

A. 窗口边框　　　B. 窗口角　　　　　C. 滚动条　　　　　D. 菜单栏

31. 在 Windows 7 中,当一个应用程序窗口被最小化后,该应用程序将(　　　)。

A. 终止运行　　　B. 继续运行　　　　C. 暂停运行　　　　D. 以上都不正确

32. 在 Windows 7 的各种窗口中,单击左上角的窗口标识(又称为窗口图标或称为控制菜单按钮)可以(　　　)。

A. 关闭窗口　　　　　　　　　　　　B. 打开控制菜单

C. 把窗口最大化　　　　　　　　　　D. 打开资源管理器

33. 在 Windows 7 中,控制菜单图标位于窗口的(　　　)。

A. 左上角　　　　　B. 左下角　　　　　C. 右上角　　　　　D. 右下角

34. 在 Windows 7 中,关于启动应用程序的说法,不正确的是(　　　)。

A. 通过双击桌面上应用程序的快捷图标,可启动该应用程序

B. 在"资源管理器"中,双击应用程序名即可运行该应用程序

C. 只需选中该应用程序图标,然后右击即可启动该应用程序

D. 从"开始"中打开"所有程序"菜单,选择应用程序项,即可运行该应用程序

35. 把 Windows 7 的应用程序窗口和对话框窗口比较,应用程序窗口可以移动和改变大小,而对话框窗口一般(　　　)。

A. 既不能移动,也不能改变大小　　　　B. 仅可以移动,不能改变大小

C. 仅可以改变大小,不能移动　　　　　D. 既能移动,也能改变大小

36. 在 Windows 7 中,下列关于对话框的描述,不正确的是(　　　)。

A. 弹出对话框后,一般要求用户输入或选择某些参数

B. 在对话框中"输入或选择"操作完成后,按下"确定"按钮对话框被关闭

C. 若想在未执行命令时关闭对话框,可选择"取消"按钮或按"Esc"键

D. 对话框不能移动

37. 在 Windows 7 中,打开一个菜单后,其中某菜单项会出现下属级联菜单的标识是(　　　)。

A. 菜单项右侧有一组英文提示

B. 菜单项右侧有一个黑色三角形

C. 菜单项右侧有一个黑色圆点

D. 菜单项左侧有一个"√"

38. 在下列有关 Windows 7 命令的说法中,不正确的是(　　)。

A. 命令前有符号(√)表示该命令有效

B. 带省略号(…)的命令执行后会打开一个对话框

C. 命令呈暗淡的颜色,表示相应的程序被破坏

D. 当鼠标指向带黑三角符号的菜单项时,会弹出一个级联菜单

39. 下列关于 Windows 7"弹出式"菜单,说法不正确的是(　　)。

A. 将鼠标指向某个选中对象或屏幕的某个位置,单击鼠标右键打开一个弹出式菜单

B. 将鼠标指向某个选中对象或屏幕的某个位置,单击鼠标左键打开一个弹出式菜单

C. 菜单列出了与选中对象直接相关的命令

D. 菜单中的命令是上下文相关的,即根据单击鼠标时箭头所指的对象和位置的不同,弹出的菜单命令内容也不同

40. 关于 Windows 7 窗口的概念,以下说法正确的是(　　)。

A. 屏幕上只能出现一个窗口,这就是活动窗口

B. 屏幕上可以出现多个窗口,但只有一个是活动窗口

C. 屏幕上可以出现多个窗口,但不止一个是活动窗口

D. 屏幕上可以出现多个活动窗口

41. 关闭"当前窗口"或结束"当前应用程序的运行"的快捷键是(　　)。

A. Alt + F4　　　　　B. Ctrl + F4　　　　　C. Ctrl + Alt + Del　　D. Alt + F3

42. 在进行 Windows 7 的操作过程中,能将"当前活动窗口"复制到剪贴板中,应同时按下的组合键是(　　)。

A. Esc + PrintScreen　　　　　　　　B. Shift + PrintScreen

C. Ctrl + PrintScreen　　　　　　　　D. Alt + PrintScreen

43. 在 Windows 7 操作环境下,要将整个屏幕画面全部复制到剪贴板中所使用的键是(　　)。

A. PrintScreen　　　　B. PageUp　　　　　C. Alt + F4　　　　　D. Ctrl + Space

44. 下列关于 Windows 7 剪贴板,说法不正确的是(　　)。

A. 剪贴板是 Windows 7 在计算机内存中开辟的一个临时储存区

B. 关闭计算机后,剪贴板中的内容还会存在

C. 剪贴板用于在 Windows 7 程序之间、文件之间传递信息

D. 当对选定的内容进行复制、剪切或粘贴时要用剪贴板

45. 在 Windows 7 中,若在某一文档中作过剪切操作,当关闭该文档后,"剪贴板"中存放的是(　　)。

A. 空白　　　　　　　　　　　　　　B. 剪切过的内容

C. 信息丢失　　　　　　　　　　　　D. 以上说法都不正确

46. 下列关于 Windows 7 剪贴板的基本操作,不正确的是(　　)。

A. 剪切:将选定的内容移到剪贴板中

B. 复制:将选定的内容复制到剪贴板中

C. 粘贴:将剪贴板中的内容复制到指定的位置

D. 在 Windows 7 的资源管理中,利用"组织"按钮下的"剪切"命令可以实现内容的"移动"

47. 在"画图"程序中,选定对象后,单击"复制"按钮,则选定的对象将被复制到(　　)。

A. 我的文档　　　　　B. 桌面　　　　　C. 剪贴板　　　　　D. 其他图画

48. 在 Windows 7 中将信息传送到剪贴板不正确的方法是(　　)。

A. 用"复制"命令把选定的对象传送到剪贴板

B. 用"剪切"命令把选定的对象传送到剪贴板

C. 用"Ctrl + V"把选定的对象传送到剪贴板

D. 用"Alt + PrintScreen"把当前窗口传送到剪贴板

49. 在 Windows 7 中,"剪切"命令的组合快捷键是(　　)。

A. Ctrl + C　　　　　B. Ctrl + X　　　　　C. Ctrl + A　　　　　D. Ctrl + V

50. 在 Windows 7 默认环境中,下列 4 个组合键里,系统默认的中英文输入切换键是(　　)。

A. Ctrl + Space　　　　B. Ctrl + Alt　　　　C. Shift + Space　　　　D. Ctrl + Shift

51. 在 Windows 7 中文输入方式下,在几种中文输入方式之间切换应按(　　)。

A. Ctrl + Alt　　　　B. Ctrl + Shift　　　　C. Shift + Space　　　　D. Ctrl + Space

52. 关于快捷方式的说法,正确的是(　　)。

A. 它就是应用程序本身

B. 它是指向并打开应用程序的一个指针

C. 其大小与应用程序相同

D. 如果应用程序被删除,快捷方式仍然有效

53. 有关"任务管理器"不正确的说法是(　　)。

A. 计算机死机后,通过"任务管理器"关闭程序,有可能恢复计算机的正常运行

B. 同时按下"Ctrl + Alt + Del"键可出现"启动任务管理器"的界面

C. "任务管理器"窗口中不能看到 CPU 的使用情况

D. 右键单击任务栏的空白处,在弹出的快捷菜单也可以启动"任务管理器"

54. 在 Windows 7 环境中,若应用程序出现故障或死机,则可先通过组合键"启动任务管理器"界面,进入后单击"应用程序"选项卡,选择死机程序,单击"结束任务"按钮即可结束出现故障的程序。问:"启动任务管理器"界面所要按的组合键是(　　)。

A. Ctrl + Alt + Shift　　　　　　　　B. Ctrl + Alt + Del

C. Ctrl + Alt + Tab　　　　　　　　D. Ctrl + Alt + End

55. 在 Windows 7 中,对文件的确切定义应该是(　　)。

A. 记录在磁盘上的一组有名字的相关信息的集合

B. 记录在磁盘上的一组有名字的相关程序的集合

C. 记录在磁盘上的一组相关数据的集合

D. 记录在磁盘上的一组相关命令的集合

56. 在 Windows 7 资源管理器中,选定文件后,打开"文件属性"对话框的操作是(　　)。

A. 单击"组织"按钮→"属性"菜单项

B. 单击"打开"按钮→"属性"菜单项

C. 单击"查看"按钮→"属性"菜单项

D. 以上说法都不正确

57. 在 Windows 7 中,用户建立的文件默认具有的属性是(　　)。

A. 隐藏　　　　　　　B. 只读　　　　　　　C. 系统　　　　　　　D. 存档

58. 如果把一个文件属性设置为"隐藏",在"资源管理器"或"计算机"窗口中,该文件不显示。若想让该文件在不改变隐藏属性的前提下显示出来,则其操作是(　　)。

A. 通过单击"组织"按钮→"文件夹和搜索选项"→"查看",可找到设置项

B. 执行"工具"按钮的"文件夹选项"命令

C. 执行"打开"按钮

D. 以上说法都不正确

59. 在 Windows 7 中,可以通过设置使文件和文件夹不显示出来(如设置为隐藏属性),可以避免(　　)。

A. 将文件和文件夹移动　　　　　　　　B. 将文件和文件夹误删

C. 将文件和文件夹复制　　　　　　　　D. 将文件和文件夹剪切

60. 文件一般都有一个扩展名,与其主名之间用一个小点"."隔开。要求大家了解常用的文件扩展名。例如,有这样一个题目:在"记事本"中保存文件的扩展名(又称为文件的后缀)是(　　)。

A. txt　　　　　　　B. docx　　　　　　　C. bmp　　　　　　　D. pptx

61. "D:"盘根目录中文件夹"DATA"里的位图文件"TEST"的完整文件名为(　　)。

A. D:\DATA\TEST　　　　　　　　B. D:\DATA\TEST\BMP

C. C:\DATA\TEST. BMP　　　　　　D. D:\DATA\TEST. BMP

62. 在 Windows 7 系统中,对文件的存取方式是(　　)。

A. 按文件夹目录存取　　　　　　　　B. 按文件夹内的内容存取

C. 按文件名进行存取　　　　　　　　D. 按文件大小进行存取

63. 在 Windows 7 中,关于文件夹的描述不正确的是(　　)。

A. 文件夹是用来组织和管理文件的

B. 文件夹中可以存放子文件夹

C. 文件夹可以形象地看成一个容器,用来存放文件或子文件夹

D. 文件夹中不可以存放设备驱动程序

64. 在 Windows 7 的树形目录结构下,不允许两个文件名(包括扩展名)相同指的是在(　　)。

A. 不同磁盘的不同目录下　　　　　　　　B. 不同的磁盘的同一个目录下

C. 同一个磁盘的不同目录下　　　　　　　　D. 同一个磁盘的同一个目录下

65. "资源管理器"窗口的右窗口称为文件夹内容窗口,它将显示活动文件夹的内容。如果要使所显示的内容按照"名称、修改日期、类型、大小"列出,应该单击窗口工具栏中( )按钮,然后选择"详细"选项。

A. "查看"　　　　　　B. "更改你的视图"　　　　C. "编辑"　　　　　　D. "文件"

66. 打开计算机"D:"盘浏览文件或文件夹时,如果要把文件或文件夹图标设置为"大图标",则可单击窗口工具栏中的( )按钮进行设置。

A. "组织"　　　　　　　　　　　　　　　　B. "共享"

C. "更改你的视图"　　　　　　　　　　　　D. "显示预览窗格"

67. 在 Windows 7 资源管理器中,格式化磁盘的操作可以在左窗口中进行,可使用( )。

A. 左击磁盘图标,选"格式化"命令　　　B. 右击磁盘图标,选"格式化"命令

C. 单击"组织"按钮,选择"格式化"命令　　D. 以上说法都不正确

68. 在 Windows 7 中,"资源管理器"图标( )。

A. 一定锁定在任务栏中

B. 可以锁定在任务栏中,默认的情况下是锁定在任务栏中的

C. 不可以从任务栏中解锁

D. 以上说法都不正确

69. 关于 Windows 7 文件命名的规定,下列正确的是( )。

A. 文件名中不能有空格和扩展名间隔符"."

B. 文件名可用字符、数字或汉字命名,文件名最多使用 8 个字符

C. 文件名可用允许的字符、数字或汉字命名

D. 文件名可用所有的字符、数字或汉字命名

70. 关于 Windows 7 文件命名的规定,下列不正确的是( )。

A. 用户指定文件名时可以用字母的大小写形式,但不能利用大小写区别文件名

B. 搜索文件时,可使用通配符"*"

C. 文件名可用字母、允许的字符、数字和汉字命名

D. 以上说法都不正确

71. 在 Windows 7 中,文件名"ABCD. DOC. EXE. TXT"的扩展名是( )。

A. abcd　　　　　　B. doc　　　　　　C. exe　　　　　　D. txt

72. 在 Windows 7 中,文件名命名不能( )。

A. 使用汉字字符　　　　　　　　　　　　B. "+"(加号)

C. 长达 255 个字符　　　　　　　　　　　D. 使用"?"和"*"

73. 在 Windows 7 中,下列文件名中不正确的是( )。

A. My Program Group　B. file1. file2. bas　　C. A\B. C　　　　　D. ABC. FOR

74. 在 Windows 7 中,文件夹名不正确的是( )。

A. 12% +3%　　　　　B. 12-3　　　　　C. 12 * 3!　　　　　D. 1&2 =0

75. 在 Windows 7 中,下列正确的文件名是( )。

A. A? B. DOC 　　B. File1 | File2 　　C. A <> B. txt 　　D. My Music. wav

76. 在查找文件时,通配符"＊"与"?"的含义是( )。

A. "＊"表示任意多个字符,"?"表示任意一个字符

B. "?"表示任意多个字符,"＊"表示任意一个字符

C. "＊"和"?"表示乘号和问号

D. 查找"＊. ?"与"?. ＊"的文件是一致的

77. 在 Windows 7 资源管理器中,选定多个非连续文件的操作为( )。

A. 按住"Shift"键,单击每一个要选定的文件图标

B. 按住"Ctrl"键,单击每一个要选定的文件图标

C. 先选中第一个文件,按住"Shift"键,再单击最后一个要选定的文件图标

D. 先选中第一个文件,按住"Ctrl"键,再单击最后一个要选定的文件图标

78. 在 Windows 7 资源管理器中选定了文件或文件夹后,若要将它们复制到同一驱动器(即同一个逻辑盘)的文件夹中,其操作是( )。

A. 直接拖动鼠标　　　　　　　　B. 按下"Shift"键拖动鼠标

C. 按下"Ctrl"键拖动鼠标　　　　D. 按下"Alt"键拖动鼠标

79. 在 Windows 7 中,"粘贴"命令的快捷组合键是( )。

A. "Ctrl + C"——相当于"组织"按钮中的复制命令

B. "Ctrl + X"——相当于"组织"按钮中的剪切命令

C. "Ctrl + A"——其功能是全选

D. "Ctrl + V"——相当于"组织"按钮中的粘贴命令

80. 在 Windows 7 中,要实现文件或文件夹的快速移动与复制,可使用鼠标的( )。

A. 单击　　　　　　B. 双击　　　　　　C. 拖曳(拖放)　　　D. 移动

81. 在 Windows 7 中,当已选定文件夹后,下列操作中不能删除该文件夹的是( )。

A. 在键盘上按下"Delete"键

B. 用鼠标右键单击该文件夹,打开快捷菜单,然后选择"删除"命令

C. 单击"组织"按钮并选择"删除"命令

D. 用鼠标左键双击该文件夹

82. 在 Windows 7 中,若要恢复回收站中的文件,在选定待恢复的文件后,应选择回收站窗口中的( )按钮。

A. 还原选定的项目　　　　　　　B. 清空回收站

C. 还原所有项目　　　　　　　　D. 关闭

83. 在 Windows 7 中,选定文件或文件夹后,将其彻底删除的操作是( )。

A. 用鼠标直接将文件或文件夹拖放到"回收站"中

B. 用"Delete"键删除

C. 用"Shift + Delete"键删除

D. 用窗口中"组织"按钮中的"删除"命令

84. 下列关于 Windows 7"回收站"的叙述中,不正确的是(　　　)。

A."回收站"可以暂时或永久存放硬盘上被删除的信息

B. 放入"回收站"的信息可以恢复

C."回收站"所占据的空间是可以调整的

D."回收站"对应内存的一块存储空间

85. 在 Windows 7 中,剪贴板和回收站所占用的存储区分别属于(　　　)。

A. 内存和硬盘　　　　B. 内存和内存　　　　C. 硬盘和内存　　　　D. 硬盘和硬盘

86. 在 Windows 7 中,对桌面背景、屏幕保护程序等的设置可以通过(　　　)。

A. 用鼠标右键单击桌面上的"计算机"图标,选择"属性"菜单项

B. 用鼠标右键单击"开始"菜单选择"属性"菜单项

C. 用鼠标右键单击桌面空白区域,选择"个性化"菜单项

D. 用鼠标右键单击任务栏空白区域,选择"属性"菜单项

87. 在 Windows 7 中,要将屏幕分辨率调整到 1 024×768,进行设置时应选择控制面板中的"外观与个性化"类别下的(　　　),其中有调整屏幕分辨率选项。

A."显示"　　　　B."个性化"　　　　C."字体"　　　　D."系统"

88. 在 Windows 7 中,不属于控制面板操作的是(　　　)。

A. 更改桌面显示和字体　　　　　　　　B. 添加设备

C. 造字　　　　　　　　　　　　　　　D. 更改键盘设置

89. 在 Windows 7 中,下列各项中不属于在控制面板中操作的是(　　　)。

A. 卸载或更改程序　　　　　　　　　　B. 管理用户账户

C. 启动"Windows 7 资源管理器"　　　　D. 外观和个性化

90. 在 Windows 7 中,可以设置、控制计算机硬件配置和修改桌面个性化的应用程序是(　　　)。

A. Word　　　　B. Excel　　　　C. 控制面板　　　　D. 资源管理器

91. 要改变任务栏右端的时间显示形式,如把 13:50 更改为下午 1:50,应该在"控制面板"下的"时钟、语言和区域"中选择(　　　)。

A. 区域和语言　　　B. 日期和时间　　　C. 外观和个性化　　　D. 系统

92. 管理用户账户也是在"控制面板"中设置的,关于 Windows 7 用户账户说法中不正确的是(　　　)。

A. 支持 3 种用户账户类型:计算机管理员账户、标准账户和来宾账户

B. 计算机管理员账户可更改所有计算机设置

C. 标准账户只允许用户更改本用户的设置

D. 所有用户账户登录的用户"我的文档"夹内容一样

93. 在 Windows 7 中,在附件的"系统工具"菜单下,可以把一些临时文件、已下载的文件等进行清理,以释放磁盘空间的程序是(　　　)。

A. 系统还原　　　B. 系统信息　　　C. 磁盘清理　　　D. 磁盘碎片整理

94. 在 Windows 7 中带有很多功能强大的应用程序,其中"磁盘碎片整理程序"的主要用

途是(　　　)。

A.将进行磁盘文件碎片整理,提高磁盘的读写速度

B.将磁盘的文件碎片删除,释放磁盘空间

C.将进行磁盘碎片整理,并重新格式化

D.将不小心摔坏的软盘碎片重新整理规划使其重新可用

95.在 Windows 7 中的"系统还原"主要作用是(　　　)。

A.还原出厂设置　　　　　　　　　B.还原昨天开机的状态

C.还原今天开机的状态　　　　　　D.还原到以前设置还原点时的状态

96.在 Windows 7 中,要使用"附件"中的"计算器"计算 5 的 3.7 次方的值,应选择(　　　)。

A.标准型　　　　B.科学型　　　　C.程序员　　　　D.统计信息

97.下列关于附件中画图程序说法不正确的是(　　　)。

A.生成的文件默认为 png 文件　　　　B.只能浏览图片

C.可以编辑图片　　　　　　　　D.打开的图片中可以输入文本内容

98.在 Windows 7 中,下列关于附件中的工具叙述正确的是(　　　)。

A."写字板"是字处理软件,不能插入图形

B."画图"是绘图工具,不能输入文字

C."画图"工具不可以进行图形、图片的编辑处理

D."记事本"不能插入图形

99.在 Windows 7 附件中,"画图"程序保存文件默认的扩展名是(　　　)。

A.txt　　　　　B.png　　　　　C.rtf　　　　　D.bmp

100."记事本"实用程序的基本功能是(　　　)。

A.文字处理　　　　B.图像处理　　　　C.手写汉字输入处理　　D.图形处理

101.用"写字板""记事本"和"Word"编辑文字时,如果要使用键盘删除文字,将删除光标所在位置以前的那一个字符,应该按的键是(　　　)。

A.Alt　　　　　B.Ctrl　　　　　C.Delete　　　　D.Backspace

102.下列程序不属于附件的是(　　　)。

A.计算器　　　　B.记事本　　　　C.回收站　　　　D.画图

103.下列关于 Windows 7 的叙述中,正确的是(　　　)。

A."画图"程序是绘图工具,不能输入文字

B.屏幕上可以出现多个窗口,但不止一个是活动窗口

C."回收站"不能存放从磁盘上被删除的信息

D."开始"菜单中几乎包含了 Windows 7 系统的全部功能

第5章 办公软件 Office 2010

一、选择题

1. 在 Word 2010 中,给每位家长发送一份《期末成绩通知单》,用(　　)命令最简便。

A. 复制　　　　　　　B. 信封　　　　　　　C. 标签　　　　　　　D. 邮件合并

2. 在 Excel 2010 中,要录入身份证号,数字分类应选择(　　)格式。

A. 常规　　　　　　　B. 数字(值)　　　　　C. 科学计数　　　　　D. 文本 E 特殊

3. 在 PowerPoint 2010 中,从当前幻灯片开始放映幻灯片的快捷键是(　　)。

A. Shift + F5　　　　B. F5　　　　　　　　C. Ctrl + F5　　　　　D. Alt + F5

4. 如果用户想保存一个正在编辑的文档,但希望以不同文件名存储,可用(　　)命令。

A. 保存　　　　　　　B. 另存为　　　　　　C. 比较　　　　　　　D. 限制编辑

5. 下面有关 Word 2010 表格功能的说法不正确的是(　　)。

A. 可以通过表格工具将表格转换成文本　　B. 表格的单元格中可以插入表格

C. 表格中可以插入图片　　　　　　　　　D. 不能设置表格的边框线

6. Word 2010 中文版应在(　　)环境下使用。

A. DOS　　　　　　　B. WPS　　　　　　　C. UCDOS　　　　　　D. Windows

7. Word 2010 中(　　)视图方式使得显示效果与打印预览基本相同。

A. 普通　　　　　　　B. 大纲　　　　　　　C. 页面　　　　　　　D. 主控文档

8. 将 Word 文档的连续两段合并成一段,可使用以下(　　)键。

A. "Ctrl"　　　　　　B. "Del"　　　　　　　C. "Enter"　　　　　　D. "Esc"

9. 将文档中的一部分文本移动到别处,先要进行的操作是(　　)。

A. 粘贴　　　　　　　B. 复制　　　　　　　C. 选择　　　　　　　D. 剪切

10. 在 Word 2010 中,段落格式化的设置不包括(　　)。

A. 首行缩进　　　　　B. 字体大小　　　　　C. 行间距　　　　　　D. 居中对齐

11. 在 Word 2010 中,如果当前光标在表格中某行的最后一个单元格的外框线上,按下"Enter"键后,(　　)。

A. 光标所在列加宽　　　　　　　　　　　　B. 对表格不起作用

C. 在光标所在行下增加一行　　　　　　　　D. 光标所在行加高

12. 在 Word 2010 中,字体格式化的设置不包括(　　)。

A. 行间距　　　　　　B. 字体的大小　　　　C. 字体和字形　　　　D. 文字颜色

13.在 Word 2010 编辑状态下,利用(   )可快速、直接调整文档的左右边界。

A.格式栏　　　　　　B.功能区　　　　　　C.菜单　　　　　　D.标尺

14.选择纸张大小,可以在(   )功能区中进行设置。

A.开始　　　　　　B.插入　　　　　　C.页面布局　　　　　　D.引用

15.在 Word 2010 编辑状态中,可使用(   )选项卡中的"页眉和页脚"命令,建立页眉和页脚。

A.开始　　　　　　B.插入　　　　　　C.视图　　　　　　D.文件

16.在 Word 2010 编辑状态中,能设定文档行间距命令的功能区是(   )。

A.开始　　　　　　B.插入　　　　　　C.页面布局　　　　　　D.引用

17.在 Excel 2010 工作表中,把一个含有单元格坐标引用的公式复制到另一个单元格中时,其中所引用的单元格坐标保持不变。这种引用的方式(   )。

A.为相对引用　　　　B.为绝对引用　　　　C.为混合引用　　　　D.无法判定

18.在 Excel 2010 中,在单元格中输入公式时,输入的第一个符号是(   )。

A. =　　　　　　B. +　　　　　　C. –　　　　　　D. $

19.设 A1 单元中有公式 =SUM(B2:D5),在 C3 单元插入一列后再删除一行,则 A1 单元的公式变成(   )。

A. =SUM(B2:E4)　　　　　　　　B. =SUM(B2:E5)

C. =SUM(B2:D3)　　　　　　　　D. =SUM(B2:E3)

20.设打开一个原有文档,编辑后进行"保存"操作,则该文档(   )。

A.被保存在原文件夹下　　　　　　B.可以保存在已有的其他文件夹下

C.可以保存在新建文件夹下　　　　D.保存后文档被关闭

21.为了区别"数字"和"数字字符串"数据,Excel 要求在输入项前添加(   )符号来区别。

A.#　　　　　　B.@　　　　　　C."　　　　　　D.'

22.下列关于排序操作的叙述中正确的是(   )。

A.排序时只能对数值型字段进行排序,对字符型的字段不能进行排序

B.排序可以选择字段值的升序或降序两个方向分别进行

C.用于排序的字段称为"关键字",在 Excel 中只能有一个关键字段

D.一旦排序后就不能恢复原来的记录排列

23.下列关于 Excel 的叙述中,错误的是(   )。

A.一个 Excel 文件就是一个工作表

B.一个 Excel 文件就是一个工作簿

C.一个工作簿可以有多个工作表

D.双击某工作表标签,可以对该工作表重新命名

24.在 Excel 2010 中,双击某工作表标签将(   )。

A.重命名该工作表　　　　　　　　B.切换到该工作表

C.删除该工作表　　　　　　　　　D.隐藏该工作表

25. 在 Excel 2010 中,字符型数据的默认对齐方式是(　　　)。

A. 左对齐　　　　　　　　　　　　　　B. 右对齐

C. 两端对齐　　　　　　　　　　　　　D. 视具体情况而定

26. 作为数据的一种表示形式,图表是动态的,当改变了其中(　　　)之后,Excel 会自动更新图表。

A. X 轴上的数据　　B. Y 轴上的数据　　　C. 所依赖的数据　　　D. 标题的内容

27. 下列说法中不正确的是(　　　)。

A. 分类汇总前数据必须按关键字字段排序

B. 分类汇总的关键字段只能是一个字段

C. 汇总方式只能是求和

D. 分类汇总可以删除,但删除汇总后排序操作不能撤销

28. 如果 A1:A5 包含数字 10,7,9,27 和 2,则(　　　)。

A. SUM(A1:A5)等于 10　　　　　　　　B. SUM(A1:A3)等于 26

C. AVERAGE(A1&A5)等于 11　　　　　　D. AVERAGE(A1:A3)等于 7

29. 为所有幻灯片设置统一的、特有的外观风格,应使用(　　　)。

A. 母版　　　　　　B. 放映方式　　　　　C. 自动版式　　　　　D. 幻灯片切换

30. 在(　　　)视图中,可看到以缩略图方式显示的多张幻灯片。

A. 幻灯片浏览　　B. 大纲　　　　　　　C. 幻灯片　　　　　　D. 普通

31. 如要终止幻灯片的放映,可直接按(　　　)键。

A. Ctrl + C　　　　B. Esc　　　　　　　　C. Enter　　　　　　　D. Ctrl + F4

32. PowerPoint 是一个(　　　)软件。

A. 字处理　　　　　B. 字表处理　　　　　C. 演示文稿制作　　　D. 绘图

33. Excel 不能完成的任务是(　　　)。

A. 分类汇总　　　　B. 加载宏　　　　　　C. 邮件合并　　　　　D. 合并计算

34. 在 Excel 2010 中,工作表的管理是由(　　　)来完成的。

A. 文件　　　　　　B. 程序　　　　　　　C. 工作簿　　　　　　D. 单元格

35. 要设置幻灯片的切换效果以及切换方式时,应在(　　　)选项卡中操作。

A. 开始　　　　　　B. 设计　　　　　　　C. 切换　　　　　　　D. 动画

36. 要在幻灯片中插入表格、图片、艺术字、视频、音频等元素时,应在(　　　)选项卡中操作。

A. 文件　　　　　　B. 开始　　　　　　　C. 插入　　　　　　　D. 设计

37. 下面(　　　)视图最适合移动、复制幻灯片。

A. 普通　　　　　　B. 幻灯片浏览　　　　C. 备注页　　　　　　D. 大纲

38. 在 Word 2010 中,(　　　)不能通过"插入"→"图片"命令插入,以及通过控点调整大小。

A. 剪贴画　　　　　B. 艺术字　　　　　　C. 组织结构图　　　　D. 视频

39. 在 Excel 2010 中,下列地址为相对地址的是(　　　)。

A.$D5   B. $E$7   C. C3   D. F$8

40. 下列序列中,不能直接利用自动填充快速输入的是(　　　)。

A. 星期一、星期二、星期三、……   B. 第一类、第二类、第三类、……

C. 甲、乙、丙、……   D. Mon,Tue,We

41. 在 PowerPoint 中,(　　　)设置能够应用幻灯片模板改变幻灯片的背景、标题字体格式。

A. 幻灯片版式   B. 幻灯片设计   C. 幻灯片切换   D. 幻灯片放映

42. 在 PowerPoint 中,通过(　　　)设置后,单击观看放映后能够自动放映。

A. 排练计时   B. 动画设置   C. 自定义动画   D. 幻灯片设计

43. Excel 的缺省工作簿名称是(　　　)。

A. 文档 1   B. Sheet1   C. book1   D. DOC

44. PowerPoint 演示文稿和模板的扩展名是(　　　)。

A. doc 和 txt   B. html 和 ptr   C. pot 和 ppt   D. pptx 和 pot

45. 在 Excel 的单元格内输入日期时,年、月、日分隔符可以是(　　　)。

A. "/"或"－"   B. "."或"|"   C. "/"或"\"   D. "\"或"－"

46. Excel 中默认的单元格引用是(　　　)。

A. 相对引用   B. 绝对引用   C. 混合引用   D. 三维引用

47. Excel 工作表 G8 单元格的值为 7 654.375,执行某些操作之后,在 G8 单元格中显示一串"#"符号,说明 G8 单元格的(　　　)。

A. 公式有误,无法计算   B. 数据已经因操作失误而丢失

C. 显示宽度不够,只要调整宽度即可   D. 格式与类型不匹配,无法显示

48. 某区域由 A1,A2,A3,B1,B2,B3 6 个单元格组成。下列不能表示该区域的是(　　　)。

A. A1:B3   B. A3:B1   C. B3:A1   D. A1:B1

49. 在 Excel 2010 中,下面说法不正确的是(　　　)。

A. Excel 应用程序可同时打开多个工作簿文档

B. 在同一工作簿文档窗口中可以建立多张工作表

C. 在同一工作表中可以为多个数据区域命名

D. Excel 新建工作簿的缺省名为"文档 1"

50. Excel 2010 的主要功能是(　　　)。

A. 表格处理、文字处理、文件管理   B. 表格处理、网络通信、图表处理

C. 表格处理、数据库管理、图表处理   D. 表格处理、数据库管理、网络通信

51. PowerPoint 是(　　　)。

A. 数据库管理系统   B. 电子数据表格软件

C. 文字处理软件   D. 幻灯片制作软件

52. Word 中格式刷按钮的作用是(　　　)。

A. 复制文本   B. 复制图形   C. 复制文本和格式   D. 复制格式

53. 在 PowerPoint 中,若为幻灯片中的对象设置"飞入"效果,应选择对话框(　　　)。

A. 自定义动画　　　　B. 幻灯片版式　　　　C. 自定义放映　　　　D. 幻灯片放映

54. 在 Word 2010 中,(　　　)用于控制文档在屏幕上的显示大小。

A. 显示比例　　　　B. 全屏显示　　　　C. 缩放显示　　　　D. 页面显示

55. 在 Word 2010 编辑状态下,选择了当前文档中的一个段落,进行"清除"操作(或按"Del"键),则(　　　)。

A. 该段落被删除且不能恢复　　　　　　B. 该段落被移到"回收站"内

C. 该段落被删除,但能恢复　　　　　　D. 能利用"回收站"恢复被删除的该段落

56. 在 Word 2010 中,选择一个矩形块时,应按住(　　　)键并按下鼠标左键拖动。

A. Ctrl　　　　B. Shift　　　　C. Alt　　　　D. Tab

57. 在 Word 2010 编辑状态下,有关删除文字的下列说法中,正确的是(　　　)。

A. 选中一些文字后,按"Delete"键或按"Backspace"键,可以删除选中的文字

B. 选中一些文字后,按"Delete(Del)"键与按下组合键"Ctrl + X"的效果相同

C. 选中一些文字后,按"Delete"键删除,不可以恢复删除;按下组合键"Ctrl + X"删除后,可以恢复删除的文字

D. 按"Backspace"键删除光标右边的字符,按"Delete(Del)"键删除光标左边的字符

58. 在 Word 2010 文档窗口中进行最小化操作(　　　)。

A. 会将指定的文档关

B. 会关闭文档及其窗口

C. 文档的窗口和文档都没关闭

D. 会将指定的文档从外存中读入,并显示出来

59. 在 Word 2010 中,按(　　　)键可新建一个空白文档。

A. Ctrl + O　　　　B. Ctrl + N　　　　C. Ctrl + E　　　　D. Ctrl + C

60. Excel 2010 工作簿的最小组成单位是(　　　)。

A. 工作表　　　　B. 单元格　　　　C. 字符　　　　D. 标签

61. 一个工作簿启动后,默认创建了(　　　)个工作表。

A. 1　　　　B. 3　　　　C. 8　　　　D. 10

62. 在 Excel 2010 中,使用自动求和按钮对 D5 至 D8 单元格求和,并将结果填写在 D10 单元格的正确步骤是(　　　)。1. 单击自动求和按钮;2. 选择求和区域 D5:D8;3. 选择单元格 D10;4. 按回车键。

A. 1,2,3,4　　　　B. 3,1,2,4　　　　C. 4,3,2,1　　　　D. 3,2,4,1

63. Excel 2010 使用的默认文件类型是(　　　)。

A. . doc　　　　B. . txt　　　　C. . ppt　　　　D. . xlsx

64. 在 Excel 2010 中,单元格地址绝对引用的方法是(　　　)。

A. 在构成单元格地址的字母和数字之间加符号"$"

B. 在构成单元格地址的字母和数字前分别加符号"$"

C. 在单元格地址后面加符号"$"

D. 在单元格地址前加符号"＄"

65. 单元格中数值型数据的默认对齐方式是(　　)。

A. 右对齐　　　　　B. 左对齐　　　　　C. 居中　　　　　D. 不一定

66. 单元格中文字型数据的默认对齐方式是(　　)。

A. 右对齐　　　　　B. 左对齐　　　　　C. 居中　　　　　D. 不一定

67. 在 Excel 2010 编辑状态下,若要调整单元格的宽度和高度,利用(　　)更直接、快捷。

A. 工具栏　　　　　　　　　　　　B. 格式栏

C. 菜单栏　　　　　　　　　　　　D. 工作表的行标签和列标签

68. 若想在屏幕上显示常用工具栏,应当使用(　　)。

A. "视图"菜单中的命令　　　　　　B. "格式"菜单中的命令

C. "插入"菜单中的命令　　　　　　D. "工具"菜单中的命令

69. 用 Word 2010 进行编辑时,要将选定区域的内容放到剪贴板上,可单击工具栏中的(　　)。

A. 剪切或替换　　B. 剪切或清除　　C. 剪切或复制　　D. 剪切或粘贴

70. 在使用 Word 2010 进行文字编辑时,下列叙述中不正确的是(　　)。

A. Word 可将正在编辑的文档另存为一个纯文本(. txt)文件

B. 使用"文件"菜单中的"打开"命令可以打开一个已存在的 Word 文档

C. 打印预览时,打印机必须是已经开启的

D. Word 允许同时打开多个文档

71. 使图片按比例缩放应选用(　　)。

A. 拖动中间的句柄　　　　　　　　B. 拖动四角的句柄

C. 拖动图片边框线　　　　　　　　D. 拖动边框线的句柄

72. 将插入点定位于句子"飞流直下三千尺"中的"直"与"下"之间,按下"Del"键,则该句子(　　)。

A. 变为"飞流下三千尺"　　　　　　B. 变为"飞流直三千尺"

C. 整句被删除　　　　　　　　　　D. 不变

73. 下列有关 Word 2010 的特点,描述正确的是(　　)。

A. 一定要通过使用"打印预览"才能看到打印出来的效果

B. 不能进行图文混排

C. 即点即输

D. 无法检查英文拼写及语法错误

74. 在 Word 2010 中,调整文本行间距应选取(　　)。

A. "格式"菜单中"字体"里的行距　　B. "插入"菜单中"段落"里的行距

C. "视图"菜单中的"标尺"　　　　　D. "格式"菜单中"段落"里的行距

75. Word 在编辑一个文档完毕后,要想知道它打印后的结果,可使用(　　)功能。

A. 打印预览　　B. 模拟打印　　C. 提前打印　　D. 屏幕打印

76. 在 Word 2010 中,要删除表格中的某单元格,应执行(　　　)操作。

A. 选定所要删除的单元格选择"表格"菜单中的"删除单元格"命令

B. 选定所要删除的单元格所在列,选择"表格"菜单中的"删除行"命令

C. 选定删除的单元格所在列,选择"表格"菜单中的"删除列"命令

D. 选定所要删除的单元格,选择"表格"菜单中的"单元格高度和宽度"命令

77. 在 Word 2010 中,若要删除表格中的某单元格所在行,则应选择"删除单元格"对话框中(　　　)。

A. 右侧单元格左移   B. 下方单元格上移

C. 整行删除   D. 整列删除

二、判断题

1. 在打开的最近文档中,可以把常用文档进行固定而不被后续文档替换。 (　　)

2. 在 Word 2010 中,通过"屏幕截图"功能,不但可以插入未最小化到任务栏的可视化窗口图片,还可以通过屏幕剪辑插入屏幕任何部分的图片。 (　　)

3. 在 Word 2010 中,可以插入表格,而且可以对表格进行绘制、擦除、合并和拆分单元格、插入和删除行列等操作。 (　　)

4. 在 Word 2010 中,表格底纹设置只能设置整个表格底纹,不能对单个单元格进行底纹设置。 (　　)

5. 在 Word 2010 中,只要插入的表格选取了一种表格样式,就不能更改表格样式和进行表格的修改。 (　　)

6. 在 Word 2010 中,不但可以给文本选取各种样式,而且可以更改样式。 (　　)

7. 在 Word 2010 中,"行和段落间距"或"段落"提供了单倍、多倍、固定值、多倍行距等行间距选择。 (　　)

8. "自定义功能区"和"自定义快速工具栏"中其他工具的添加,可通过"文件"→"选项"→"Word 选项"进行添加设置。 (　　)

9. 在 Word 2010 中,不能创建"书法字帖"文档类型。 (　　)

10. 在 Word 2010 中,可以插入"页眉和页脚",但不能插入"日期和时间"。 (　　)

11. 在 Word 2010 中,通过"文件"按钮中的"打印"选项同样可以进行文档的页面设置。 (　　)

12. 在 Word 2010 中,插入的艺术字只能选择文本的外观样式,不能进行艺术字颜色、效果等其他设置。 (　　)

13. 在 Word 2010 中,"文档视图"方式和"显示比例"除在"视图"等选项卡中设置外,还可以在状态栏右下角进行快速设置。 (　　)

14. 在 Word 2010 中,不但能插入封面、脚注,而且可以制作文档目录。 (　　)

15. 在 Word 2010 中,不但能插入内置公式,而且可以插入新公式并可通过"公式工具"功能区进行公式编辑。 (　　)

16. 在 Excel 2010 中,可以更改工作表的名称和位置。 (　　)

17. 在 Excel 2010 中,只能清除单元格中的内容,不能清除单元格中的格式。 (　　)

18. 在 Excel 2010 中,使用筛选功能只显示符合设定条件的数据而隐藏其他数据。
（　　）

19. Excel 工作表的数量可根据工作需要作适当增加或减少,并可以进行重命名、设置标签颜色等相应的操作。　（　　）

20. Excel 2010 可以通过 Excel 选项自定义功能区和自定义快速访问工具栏。　（　　）

21. Excel 2010 的"开始-保存并发送",只能更改文件类型保存,不能将工作簿保存到Web 或共享发布。　（　　）

22. 要将最近使用的工作簿固定到列表,可打开"最近所用文件",单击想固定的工作簿右边对应的按钮即可。　（　　）

23. 在 Excel 2010 中,除在"视图"功能可以进行显示比例调整外,还可以在工作簿右下角的状态栏拖动缩放滑块进行快速设置。　（　　）

24. 在 Excel 2010 中,只能设置表格的边框,不能设置单元格的边框。　（　　）

25. 在 Excel 2010 中,套用表格格式后可在"表格样式选项"中选取"汇总行"显示出汇总行,但不能在汇总行中进行数据类别的选择和显示。　（　　）

26. 在 Excel 2010 中,不能进行超链接设置。　（　　）

27. 在 Excel 2010 中,只能用"套用表格格式"设置表格样式,不能设置单个单元格样式。
（　　）

28. 在 Excel 2010 中,除可创建空白工作簿外,还可以下载多种 office.com 中的模板。
（　　）

29. 在 Excel 2010 中,只要应用了一种表格格式,就不能对表格格式做更改和清除。
（　　）

30. 运用"条件格式"中的"项目选取规划",可自动显示学生成绩中某列前 10 名内单元格的格式。　（　　）

31. 在 Excel 2010 中,后台"保存自动恢复信息的时间间隔"默认为 10 min。　（　　）

32. 在 Excel 2010 中,当插入图片、剪贴画、屏幕截图后,功能区选项卡就会出现"图片工具-格式"选项卡,打开图片工具功能区面板作相应的设置。　（　　）

33. 在 Excel 2010 中,设置"页眉和页脚",只能通过"插入"功能区来插入页眉和页脚,没有其他的操作方法。　（　　）

34. 在 Excel 2010 中,只要运用了套用表格格式,就不能消除表格格式,把表格转为原始的普通表格。　（　　）

35. 在 Excel 2010 中,只能插入和删除行、列,但不能插入和删除单元格。　（　　）

36. PowerPoint 2010 可以直接打开 PowerPoint 2003 制作的演示文稿。　（　　）

37. PowerPoint 2010 的功能区中的命令不能进行增加和删除。　（　　）

38. PowerPoint 2010 的功能区包括快速访问工具栏、选项卡和工具组。　（　　）

39. 在 PowerPoint 2010 的审阅选项卡中,可以进行拼写检查、语言翻译、中文简繁体转换等操作。　（　　）

40. 在 PowerPoint 2010 中,"动画刷"工具可以快速设置相同动画。　（　　）

41. 在 PowerPoint 2010 的视图选项卡中，演示文稿视图有普通视图、幻灯片浏览、备注页和阅读视图 4 种模式。 （　　）

42. 在 PowerPoint 2010 的设计选项卡中，可以进行幻灯片页面设置、主题模板的选择和设计。 （　　）

43. 在 PowerPoint 2010 中，可以对插入的视频进行编辑。 （　　）

44. "删除背景"工具是 PowerPoint 2010 中新增的图片编辑功能。 （　　）

45. 在 PowerPoint 2010 中，可以将演示文稿保存为 Windows Media 视频格式。 （　　）

三、填空题

1. 在 Word 2010 中，选定文本后，会显示出浮动工具栏，可以对_____进行快速设置。

2. 在 Word 2010 中，想要对文档进行字数统计，可通过_____功能区来实现。

3. 在 Word 2010 中，给图片或图像插入题注是选择_____功能区中的命令。

4. 在"插入"功能区的"符号"组中，可以插入_____和"符号"、编号等。

5. 在 Word 2010 的邮件合并中，除需要主文档外，还需要已制作好的_____支持。

6. 在 Word 2010 中插入表格后，会出现_____选项卡，对表格进行"设计"和"布局"的操作设置。

7. 在 Word 2010 中，进行各种文本、图形、公式、批注等搜索可通过_____来实现。

8. 在 Word 2010 的"开始"功能区的"样式"组中，可将设置好的文本格式进行"将所选内容保存为_____"的操作。

9. Excel 2010 默认保存工作簿的格式扩展名为_____。

10. 在 Excel 2010 中，如果要将工作表冻结便于查看，可以用_____功能区的"冻结窗格"来实现。

11. 在 Excel 2010 中新增"迷你图"功能，可选定数据在某单元格中插入迷你图，同时打开_____功能区进行相应的设置。

12. 在 Excel 2010 中，如果要对某个工作表重新命名，可用_____功能区的"格式"来实现。

13. 在 A1 单元格内输入"30001"，然后按下"Ctrl"键，拖动该单元格填充柄至 A8，则 A8 单元格中的内容是_____。

14. 一个工作簿包含多个工作表，缺省状态下有_____个工作表，分别为_____、_____、_____。最多可以有_____个工作表。

15. 在 Excel 2010 中，对输入的文字进行编辑是选择_____功能区。

16. 在 Excel 2010 中，如果要将表冻结便于查看，可用视图功能区的_____来实现。

17. 在 Excel 2010 中拖动_____可以进行数据填充。

18. 在 PowerPoint 2010 中设置幻灯片动画，应在_____选项卡中进行操作。

19. 在 PowerPoint 2010 中显示标尺、网络线、参考线，以及对幻灯片母版进行修改，应在_____选项卡中进行操作。

20. 在 PowerPoint 2010 中要用到拼写检查、语言翻译、中文简繁体转换等功能时，应在_____选项卡中进行操作。

21.在 PowerPoint 2010 中对幻灯片进行页面设置时,应在_____选项卡中操作。

22.要在 PowerPoint 2010 中设置幻灯片的切换效果以及切换方式,应在_____选项卡中进行操作。

23.要在 PowerPoint 2010 中插入表格、图片、艺术字、视频、音频时,应在_____选项卡中进行操作。

24.在 PowerPoint 2010 中对幻灯片进行另存、新建、打印等操作时,应在_____选项卡中进行操作。

25.在 PowerPoint 2010 中对幻灯片放映条件进行设置时,应在_____选项卡中进行操作。

第6章 计算机网络基础及应用

一、选择题

1. 下列不属于计算机网络资源子网的是（　　　）。

A. 主机　　　　　　　　　　　　B. 网络操作系统

C. 网关　　　　　　　　　　　　D. 网络数据库系统

2. 浏览网站需要在（　　　）栏写入网址。

A. File　　　　　B. HTML　　　　　C. URL　　　　　D. FTP

3. 计算机网络按地理范围分为局域网、城域网、（　　　）。

A. 都市网　　　　B. 国际网　　　　C. 互联网　　　　D. 广域网

4. World Wide Web 简称万维网，下列叙述中不正确的是（　　　）。

A. WWW 和 E-mail 是 Internet 上很重要的两个流行工具

B. WWW 是 Internet 中的一个子集

C. 一个 Web 文档可以包含文字、图片声音和视频动画等

D. WWW 是另一种互联网

5. 同步和异步都属于（　　　）通信方式。

A. 串行　　　　　B. 复用　　　　　C. 并行　　　　　D. 网络

6. Internet 采用的通信协议是（　　　）。

A. SMTP　　　　B. FTP　　　　　C. POP3　　　　　D. TCP/IP

7. 计算机网络是计算机技术与（　　　）技术相结合的产物。

A. 网络　　　　　B. 通信　　　　　C. 软件　　　　　D. 信息

8. 世界上第一个计算机网络是（　　　）。

A. ARPANET　　　B. ChinaNet　　　C. Internet　　　D. CERNET

9. 下列 4 项内容中，不属于 Internet（因特网）基本功能的是（　　　）。

A. 电子邮件　　　B. 文件传输　　　C. 远程登录　　　D. 实时监测控制

10. HomePage 指 WWW 站点上的（　　　）。

A. 网页　　　　　B. 主页　　　　　C. 任意项　　　　D. 名称

11. 在下列 4 项中，不属于 OSI（开放系统互联）参考模型 7 个层次的是（　　　）。

A. 会话层　　　　B. 用户层　　　　C. 数据链路层　　　D. 物理层

12. 某办公室有多台计算机需要连入 Internet 目前仅有电话线而无网线则需购置

( )。

A. 路由器 B. 网卡 C. 调制解调器 D. 集线器

13. 计算机网络的主要功能有资源共享( )。

A. 数据传送 B. 软件下载 C. 电子邮件 D. 电子商务

14. 浏览自编网页可在 IE 浏览器中,选择"文件/打开"然后单击( )。

A. 驱动器图标 B. 浏览按钮 C. 文件名图标 D. 文件夹图标

15. E-mail 邮件本质是( )。

A. 一个文件 B. 一份传真 C. 一个电话 D. 一个电报

16. 用户从 FTP 服务器下载软件后常常要进行( )处理。

A. 压缩 B. 打包 C. 解压缩 D. 拆包

17. ( )主要为报文通过通信子网选择最适当的路径。

A. 物理层 B. 传输层 C. 网络层 D. 会话层

18. 域名与 IP 地址通过( )服务器相互转换。

A. DNS B. WWW C. E-mail D. FTP

19. 个人计算机通过局域网上网的必备设备是( )。

A. 电话机 B. 网卡 C. 调制解调器 D. 光驱

20. 在计算机网络中,通常把提供并管理共享资源的计算机称为( )。

A. 服务器 B. 网桥 C. 工作站 D. 操作系统

21. 数据传送的单位是( )每秒。

A. 字节 B. 比特 C. 汉字 D. 帧

22. 进入 IE 浏览器,需要双击( )图标。

A. 网上邻居 B. 网络 C. Internet D. Internet Explorer

23. 以太网的传输协议是( )。

A. CSMA/CD B. TCP/IP C. Token Ring D. Token Bus

24. 组成局域网的硬件有网络服务器、用户工作站、( )及传输介质。

A. 网络操作系统 B. 网络终端 C. 网卡 D. MODEM

25. Internet 采用( )模式。

A. 主机与终端系统 B. 客户/服务器系统

C. Novell 网 D. Windows NT 网

26. 衡量计算机网络数据传输可靠性的主要指标是( )。

A. 编码效率 B. 信号强度 C. 误码率 D. 校验能

27. Internet 的缺点是( )。

A. 不够安全 B. 不能传输文件

C. 不能实现实时对话 D. 不能传输声音

28. 局域网的核心是( )。

A. 网络工作站 B. 网络服务器

C. 网络通信系统 D. 外部设备

29. 根据 TCP/IP 协议,设备能自动获得 IP 接入互联网,采用的技术是(　　)。

A. DHCP　　　　　　　　B. DNS　　　　　　　　C. HTML　　　　　　　　D. VLAN

30. 下列关于带宽错误的表述是(　　)。

A. 传输介质的直径大小　　　　　　　　　　　B. 单位时间信息的流量

C. 传送信号的高频与低频之差　　　　　　　　D. 数据的传送速度

31. 通常所说的 OSI 模型分为(　　)层。

A. 6　　　　　　　　　　B. 2　　　　　　　　　　C. 4　　　　　　　　　　D. 7

32. 数据通信方式分为单工、双工和(　　)。

A. 广播　　　　　　　　B. 半双工　　　　　　　C. 共享　　　　　　　　D. 应答

33. 一般来说,同步比异步通信传输速率(　　)。

A. 快　　　　　　　　　B. 慢　　　　　　　　　C. 相同　　　　　　　　D. 可快可慢

34. 127.0.0.1 属于特殊地址中的(　　)。

A. 广播地址　　　　　　B. 回环地址　　　　　　C. 本地链路地址　　　　D. 网络地址

35. 下列关于局域网的叙述,不正确的是(　　)。

A. 可安装多个服务器　　　　　　　　　　　　B. 可共享打印机

C. 可共享服务器硬盘　　　　　　　　　　　　D. 所有的数据都存放在服务器中

36. 下列不是计算机网络系统拓扑结构的是(　　)。

A. 星形结构　　　　　　B. 总线型结构　　　　　C. 单线结构　　　　　　D. 环形结构

37. 在局域网的传输介质中,传输速度最快的是(　　)。

A. 双绞线　　　　　　　B. 光缆　　　　　　　　C. 同轴电缆　　　　　　D. 电话线

38. 计算机网络能够不受地理上的约束实现共享,下列不属于共享资源的是(　　)。

A. 数据　　　　　　　　B. 办公人员　　　　　　C. 软件　　　　　　　　D. 硬件

39. 下列不属于电子邮件系统主要功能的是(　　)。

A. 生成邮件　　　　　　　　　　　　　　　　　B. 发送和接收邮件

C. 建立电子信箱　　　　　　　　　　　　　　　D. 自动销毁邮件

40. 合法的 E-mail 地址是(　　)。

A. shi@ online. sh. cn　　　　　　　　　　　　B. shi. online. sh. cn

C. online. sh. cn@ shi　　　　　　　　　　　　D. sh. cn. online. shi

41. 下列关于 Internet 互联网的说法中,不正确的是(　　)。

A. Internet 即国际互联网　　　　　　　　　　B. Internet 具有网络资源共享的特点

C. 在中国称为因特网　　　　　　　　　　　　D. Internet 是局域网的一种

42. Internet 可提供多种服务,其中应用最广泛的是(　　)。

A. Telnet　　　　　　　B. Gopher　　　　　　　C. E-mail　　　　　　　D. TCP/IP

43. 调制是指(　　)。

A. 把模拟信号转为数字信号　　　　　　　　　B. 把数字信号转为模拟信号

C. 把光信号转为电信号　　　　　　　　　　　D. 把电信号转为光信号

44. 在因特网上查找信息使用的有效工具是(　　)。

A. 网站　　　　　　B. 搜索引擎　　　　　C. 搜索软件　　　　　D. 操作系统

45. 某办公室有 10 台计算机和 1 台打印机需要联网,需要购置(　　)块网卡。

A. 11　　　　　　B. 10　　　　　　C. 1　　　　　　D. 2

46. 局部地区通信网络简称局域网,英文缩写为(　　)。

A. WAN　　　　　　B. MAN　　　　　　C. SAN　　　　　　D. LAN

47. 网络资源共享包括硬件、软件、(　　)等。

A. 设备　　　　　　B. 数据　　　　　　C. 应用　　　　　　D. 操作系统

48. 在局域网中,MAC 指的是(　　)。

A. 逻辑链路控制子层　　　　　　　　B. 介质访问控制子层

C. 数据链路层　　　　　　　　　　　D. 物理层

49. 目前(IPv4),因特网使用(　　)位二进制数作为 IP 地址。

A. 8　　　　　　B. 16　　　　　　C. 32　　　　　　D. 64

50. 下列关于 IE 浏览器收藏夹的说法中,正确的是(　　)。

A. IE 浏览器的收藏夹不可以复制,因为它是 IE 的一个组件

B. IE 浏览器的收藏夹不可以复制,因为它是 Windows 的一个组件

C. IE 浏览器的收藏夹可以复制,因为它是一个文件夹

D. IE 浏览器的收藏夹可以复制,因为它是一个文件

二、填空题

1. 局域网覆盖的地理范围较小、速度较快,大量采用_____、_____或_____拓扑结构,可使用_____、_____和_____等作为传输介质。

2. Internet 起源于 20 世纪 60 年代的_____,最早是由_____网发展而来。

3. 计算机网络开放系统互联参考模型(ISO/OSI)将计算机网络体系结构分为 7 层,从低到高分别为_____、_____、_____、_____、_____、_____和_____。

4. 按照数据信号在线路上传输的方式,数据通信可分为两种,即_____和_____。

5. 计算机网络按照地理分布范围可分为_____、_____和_____ 3 种类型;按照操作方式,可分为_____、_____和_____。

6. 计算机网络是由负责信息处理,并向全网提供可用资源的_____子网和负责信息传输的_____子网组成。

7. 在传输数字信号时为了便于传输、减少干扰并易于放大,在发送端,需要将数字信号转换成模拟信号,这种转换过程称为_____。

8. 在计算机网络中,通信双方必须共同遵守的规则或约定称为_____。

9. Internet 实现了全世界范围内的各类网络的互联,其通信协议是_____。

10. 因特网服务提供商的英文缩写为_____,国际标准化组织的英文缩写为_____。

11. 衡量网络上数据传输速度的单位是 bit/s,其含义是_____。

12. 数据传输的可靠性指标是_____。

13. 为了实现网络互联,需要相应的网络连接设备,主要有中继器、网桥、_____和网

关。

14. HTTP 是_____协议。

三、判断题

1. 协议是"水平的",即协议是控制对等实体之间的通信规则。　　　　　　（　　）

2. 以集线器为中心的星形拓扑结构是局域网的主要拓扑结构之一。　　　（　　）

3. 一个信道的带宽越宽,则在单位时间内能够传输的信息量越小。　　　（　　）

4. 如果要实现双向同时通信就必须要有两条数据传输线路。　　　　　　（　　）

5. RIP 协议采用的路径算法是基于链路状态协议的。　　　　　　　　　（　　）

6. 介质访问控制技术是局域网的最重要的基本技术。　　　　　　　　　（　　）

7. IP 路由器在转发 IP 报文时会修改 IP 报文的内容。　　　　　　　　（　　）

8. Internet 路由系统不支持层次路由结构。　　　　　　　　　　　　　（　　）

9. 时分多路复用是以信道的传输时间作为分割的对象,通过为多个信道分配互不重叠的时间片的方法来实现多路复用。　　　　　　　　　　　　　　　　　　（　　）

10. RIP 是一种分布式的基于距离向量的路由选择协议。　　　　　　　（　　）

11. 虚拟局域网建立在局域网交换机之上,它以软件方式实现逻辑工作组的划分与管理,逻辑工作组的成员组成不受物理位置的限制。　　　　　　　　　　　　（　　）

12. ICMP 协议是 IP 协议的一部分。　　　　　　　　　　　　　　　　（　　）

13. TCP 协议规定 HTTP 服务器进程的端口号为 80。　　　　　　　　　（　　）

14. 网桥是属于 OSI 模型中网络层的互联设备。　　　　　　　　　　　（　　）

15. IP 数据报中的 TTL 字段规定了一个数据报在被丢弃之前所允许经过的路由器数。
　　　　　　　　　　　　　　　　　　　　　　　　　　　　　　　　（　　）

16. 在网络中使用虚电路比使用数据报传输数据的效率要高。　　　　　（　　）

17. 网络的安全问题就是计算机系统的安全问题。　　　　　　　　　　（　　）

18. 所有的帧都必须以标志字段开头和结尾。　　　　　　　　　　　　（　　）

19. 一个网络中的所有主机都必须有相同的网络号。　　　　　　　　　（　　）

20. IP 协议是一种无连接、可靠的数据报传输服务的协议。　　　　　　（　　）

21. 在数据传输中,多模光纤的性能要优于单模光纤。　　　　　　　　（　　）

22. 对讲机采用全双工的通信方式。　　　　　　　　　　　　　　　　（　　）

23. 滑动窗口协议是一种采用滑动窗口机制进行流量控制的方法。　　　（　　）

24. 交换机是网桥的改进设备,两者的工作原理大致相同。　　　　　　（　　）

25. 网络域名地址便于用户记忆,通俗易懂,可以采用英文也可以用中文名称命名。
　　　　　　　　　　　　　　　　　　　　　　　　　　　　　　　　（　　）

26. 分组交换技术中的虚电路方式就是在发送方和接收方之间建立一条物理连接。
　　　　　　　　　　　　　　　　　　　　　　　　　　　　　　　　（　　）

27. LAN 交换机可以隔离冲突域,不能隔离广播域。　　　　　　　　　（　　）

28. 常见邮件接收协议包括 POP3 和 IMAP 协议。　　　　　　　　　　（　　）

29. 交换机是一种即插即用设备。　　　　　　　　　　　　　　　　　（　　）

30. TCP 采用端到端拥塞控制可以彻底解决 Internet 的拥塞问题。 （　　）

31. TCP 的传输连接的建立和释放都要采用 3 次握手过程。 （　　）

32. 使用命令 ping 127.0.0.1 可以用来验证网卡是否正常。 （　　）

33. PING 命令使用 IGMP 协议来测试两主机间的连通性。 （　　）

34. 路由器是工作在运输层的设备。 （　　）

35. 在共享式以太网中,整个网络处于一个大的广播域。 （　　）

36. NAT 是一项与私有地址相关的技术,能解决 IP 地址匮乏的问题。 （　　）

37. 与 RIP 协议相比,OSPF 的优越性比较突出。 （　　）

38. 由于 UDP 协议提供的是不可靠的服务,因此,可以被淘汰掉。 （　　）

39. 万维网和因特网的性质一样,是大型的网络互联系统。 （　　）

40. TCP/IP 协议中,TCP 提供可靠的面向连接服务,UDP 提供简单的无连接服务,应用层服务建立在该服务之上。 （　　）

41. 局域网是广域网的子集。 （　　）

42. 传输层的功能是向用户提供可靠的端到端服务,以及处理数据包错误,次序等关键问题。 （　　）

43. 在交换式以太网中,整个网络处于一个大的冲突域。 （　　）

44. 路由器采用存储转发技术处理收到的数据包。 （　　）

45. 域名是为了方便人们记忆而产生的。 （　　）

46. 应用网关是在网络层实现网络互联的设备。 （　　）

47. 数据链路不等同于链路,它在链路上加了控制数据传输的规程。 （　　）

48. 在网络上下层之间的信息交换是依靠传输协议数据单元进行的。 （　　）

49. 随机介质访问协议也可以采用 FDM 或 TDM 技术。 （　　）

50. LAN 交换机既能隔离冲突域,又能隔离广播域。 （　　）

51. 对模拟信号进行数字化的技术称为脉码调制 PCM 技术。 （　　）

52. X.25 和 FR 都提供端到端差错控制功能。 （　　）

53. 介质访问控制技术是局域网的最重要的基本技术。 （　　）

54. 接入 Internet 的主机,一般需要配置缺省网关 IP 地址。 （　　）

55. UDP 协议根据 UDP 报文中的目的端口号进行去复用操作。 （　　）

56. 模拟信号不可以在无线介质上传输。 （　　）

57. ARP 协议只能用于将 IP 地址到以太网地址的解析。 （　　）

58. Internet 路由系统不支持层次路由结构。 （　　）

59. TCP 协议用于在应用程序之间传送数据,IP 协议用于在程序、主机之间传送数据。 （　　）

60. 将计算机的输出通过同轴电缆、光纤等介质基础上的数字信道传送的,称为数字通信。 （　　）

61. 连接多 LAN 的交换多兆位数据服务（SDMS）是一种高速无连接的交换式数字通信网,而帧中继是一种面向连接的数字通信网。 （　　）

62. Unix 和 Linux 操作系统均适合作网络服务器的基本平台。　　　　　（　　）

63. 所有以太网交换机端口既支持 10BASET 标准,又支持 100BASE-T 标准。（　　）

64. 交换局域网的主要特性之一是它的低交换传输延迟。局域网交换机的传输延迟时间仅高于网桥,而低于路由器。　　　　　　　　　　　　　　　　　　（　　）

65. 对等网络结构中连接网络节点的地位平等,安装在网络节点上的局域网操作系统具有基本相同的结构。　　　　　　　　　　　　　　　　　　　　　　（　　）

66. 网络结构的基本概念是分层的思想,其核心是对等实体间的通信,为了使任何对等实体之间都能进行通信,必须制定并共同遵循一定的通信规则,即协议标准。　（　　）

67. 连到 Internet 的任何两台主机/路由器能使用相同的 IP 地址。　　　　（　　）

68. ISO 划分网络层次的基本原则是:不同的节点都有相同的层次;不同节点的相同层次可以有不同的功能。　　　　　　　　　　　　　　　　　　　　　　（　　）

69. RIP(Routing Information Protocol)是一种路由协议。　　　　　　　（　　）

70. 如果一台计算机可以和其他地理位置的另一台计算机进行通信,那么这台计算机就是一个遵循 OSI 标准的开放系统。　　　　　　　　　　　　　　　　　（　　）

71. 传输控制协议(TCP)属于传输层协议,而用户数据报协议(UDP)属于网络层协议。
　　　　　　　　　　　　　　　　　　　　　　　　　　　　　　　　（　　）

72. 如果多台计算机之间存在着明确的主从关系,其中一台中心控制计算机可以控制其他连接计算机的开启与关闭,那么这样的多台计算机就构成了一个计算机网络。（　　）

73. TCP/IP 是一个工业标准而非国际标准。　　　　　　　　　　　　　（　　）

74. 在使用无分类域间路由选择(CIDR)时,路由表由"网络前缀"和"下一跳地址"组成,查找路由表时可能会得到不止一个匹配结果,这时应选择具有最长网络前缀的路由。
　　　　　　　　　　　　　　　　　　　　　　　　　　　　　　　　（　　）

75. 数字传输系统一般不能采用 FDM 方式进行多路复用。　　　　　　　（　　）

76. 传输层协议是用户进程之间的通信协议。　　　　　　　　　　　　　（　　）

77. 为推动局域网技术的应用,成立了 IEEE。　　　　　　　　　　　　　（　　）

78. 星形结构的网络采用的是广播式的传播方式。　　　　　　　　　　　（　　）

79. 通过以太网上接入 Internet 的主机,必须在主机上配置一个缺省网关的 IP 地址(不考虑采用代理和 DHCP 服务器的情形)。　　　　　　　　　　　　　　　（　　）

80. IP 协议根据 IP 报文中的协议类型字段进行去复用操作。　　　　　　（　　）

81. 如果多台计算机之间存在着明确的主从关系,其中一台中心控制计算机可以控制其他连接计算机的开启与关闭,那么这样的多台计算机就构成了一个计算机网络。（　　）

82. 协议是"水平的",即协议是控制对等实体之间的通信的规则。服务是"垂直的",即服务是由下层向上层通过层间接口提供的。　　　　　　　　　　　　　（　　）

83. TCP 只支持流量控制,不支持拥塞控制。　　　　　　　　　　　　　（　　）

84. 距离-向量路由算法的计算量比链路-状态路由算法大。　　　　　　　（　　）

85. IP 报文不支持将 IP 报文分段。　　　　　　　　　　　　　　　　　（　　）

86. 路由器总是具有两个或两个以上的 IP 地址,即路由器的每一个接口都有一个不同

网络号的 IP 地址。 　　　　　　　　　　　　　　　　　　　　　　　　（　　）

87. 在 TCP/IP 协议中,TCP 提供简单的无连接服务,UDP 提供可靠的面向连接的服务。

　　　　　　　　　　　　　　　　　　　　　　　　　　　　　　　（　　）

88. 在运输层中,UDP 传输的基本单位是报文,TCP 传输的基本单位是字节流。（　　）

89. 国际标准化组织 ISO 是在 1977 年成立的。 　　　　　　　　　　　　　（　　）

90. OSI 参考模型是一种国际标准。 　　　　　　　　　　　　　　　　　　（　　）

91. LAN 和 WAN 的主要区别是通信距离和传输速率。 　　　　　　　　　（　　）

92. 双绞线不仅可以传输数字信号,而且也可以传输模拟信号。 　　　　　　（　　）

93. OSI 层次的划分应当从逻辑上将功能分开,越少越好。 　　　　　　　　（　　）

四、简答题

1. 什么是计算机网络? 计算机网络由哪两个部分组成?

2. 传输层的主要任务是什么? 传输层服务主要包括哪些内容?

3. 简述服务和协议的概念及其相互之间的关系。

4. 简述什么是网络协议,它在网络中的作用是什么?

5. 简述 TCP 与 UDP 的主要区别。

6. 子网掩码的用途是什么?

7. 万维网(WWW)是一种网络吗? 它是一个什么样的系统? 它使用的是哪种传输协议?

8. 简述域名转换的过程。域名服务器中的高速缓存的作用是什么?

9. 简述 TCP/IP 参考模型的层次结构及各层的功能。

10. 简述 CSMA/CD 的工作方式。

11. 简述计算机网络的拓扑结构。

12. 试比较模拟通信与数字通信。

13. TCP/IP 的核心思想(理念)是什么?

14. 简述计算机网络分层的一般原则。

15. 简述星形网络的结构及其优缺点。

16. 说明中继器、网桥、路由器和网关的主要功能,以及分别工作在网络体系结构的哪一层?

17. 简述对等网模式、客户机/服务器模式、浏览器/服务器模式的特点。

18. 简述虚拟局域网与普通局域网的差异。

19. 邮件服务器使用的有哪些基本协议?

20. 简述 DNS 服务器的工作过程。

第7章 多媒体技术基础

一、选择题

1. 超文本是一个( )结构。

A. 树形   B. 非线性网状   C. 线性   D. 层次

2. 在计算机发展初期,人们用来承载信息的媒体是( )。

A. 图形   B. 文本   C. 声音   D. 图像

3. 在数字音频回放时,需要用( )还原。

A. 数字编码器   B. 模拟到数字的转换器(A/D 转换器)

C. 数字解码器   D. 数字到模拟的转换器(D/A 转换器)

4. 多媒体技术的特点不包括( )。

A. 多样性   B. 集成性   C. 交互性   D. 连续性

5. 下列说法正确的是( )。

A. 无失真压缩算法不会减少信息量,可以原样恢复原始数据

B. 无失真压缩算法可以减少冗余,但不能原样恢复原始数据

C. 无失真压缩的压缩比一般压缩都比较大

D. 无失真压缩算法也有一定的信息量损失,但是人的感官感觉不到

6. 将位图与矢量图进行比较,可以看出( )。

A. 位图比矢量图占用空间少

B. 位图与矢量图占用空间相同

C. 矢量图占用储存空间的大小取决于图像的复杂性

D. 位图放大后,细节仍然精细

7. 下列不属于多媒体动态图像文件格式的是( )。

A. avi   B. mpg   C. asf   D. bmp

8. 一般来说,要求声音的质量越高,则( )。

A. 量化位数越少和采样频率越低   B. 量化位数越少和采样频率越高

C. 量化位数越多和采样频率越低   D. 量化位数越多和采样频率越高

9. ( )文件并不是真正包含声音信息,只包含声音索引信息。

A. cda   B. wav   C. mp3   D. dat

10. 下列数字视频中,( )占用储存空间最大。

A. 320×240 分辨率,24 位真彩色,15 帧/s 的帧率

B. 320×240 分辨率,256 色,45 帧/s 的帧率

C. 320×240 分辨率,24 位真彩色,30 帧/s 的帧率

D. 640×480 分辨率,256 色,15 帧/s 的帧率

11. 适合作三维动画的工具软件是(　　)。

A. Authorware　　　　　B. Photoshop　　　　　C. AutoCAD　　　　　D. 3ds Max

12. 对电子出版物,下列说法不正确的是(　　)。

A. 容量大　　　　　B. 检索迅速　　　　　C. 保存期短　　　　　D. 可以及时传播

13. 下列采样频率中,(　　)是标准的采样频率。

A. 20 kHz　　　　　B. 22.05 kHz　　　　　C. 200 Hz　　　　　D. 48 kHz

14. 家用计算机既能听音乐,又能看影碟,这是利用了计算机的(　　)。

A. 人工智能技术　　　B. 自动控制技术　　　C. 多媒体技术　　　D. 信息管理技术

15. 下列文件格式既可以存储静态图像,又可以存储动态图像的是(　　)。

A. jpg　　　　　B. mid　　　　　C. gif　　　　　D. bmp

16. 下列类型文件可以存储多媒体动画的是(　　)。

A. swf　　　　　B. bmp　　　　　C. doc　　　　　D. xls

17. 下列扩展名表示数字音乐文件的是(　　)。

A. avi　　　　　B. mid　　　　　C. bmp　　　　　D. wmf

18. 多媒体信息不包括(　　)。

A. 音频、视频　　　B. 动画、影像　　　C. 声卡、光盘　　　D. 文字、图像

19. 下列关于多媒体输入设备的描述中,不属于的是(　　)。

A. 红外遥感器　　　B. 数码相机　　　C. 触摸屏　　　D. 调制解调器

20. 多媒体计算机技术中的"多媒体",可以认为是(　　)。

A. 磁带、磁盘、光盘等实体

B. 文字、图形、图像、声音、动画、视频等载体

C. 多媒体计算机、手机等设备

D. 互联网、Photoshop

21. 下列属于多媒体技术发展方向的是(　　)。

(1)高分辨率,提高显示质量　　　　　　　(2)高速度化,缩短处理时间

(3)简单化,便于操作　　　　　　　　　　(4)智能化,提高信息识别能力

A. (1)(2)(3)　　　B. (1)(2)(4)　　　C. (1)(3)(4)　　　D. 全部

22. 一般来说,要求声音的质量越高,则(　　)。

A. 量化级数越低和采样频率越低　　　　　B. 量化级数越高和采样频率越高

C. 量化级数越低和采样频率越高　　　　　D. 量化级数越高和采样频率越低

23. NTSC 制式电视的帧速为(　　)。

A. 30 帧/s　　　　　B. 60 帧/s　　　　　C. 120 帧/s　　　　　D. 90 帧/s

24. 下述声音分类中质量最好的是(　　)。

A. 数字激光唱盘　　　　　　　　　　　　　B. 调频无线电广播

C. 调幅无线电广播　　　　　　　　　　　　D. 电话

25. 下列关于数字视频质量、数据量、压缩比的关系的论述,(　　　)是正确的。

(1)数字视频质量越高,数据量越大

(2)随着压缩比的增大,解压后数字视频质量开始下降

(3)压缩比越大数据量越小

(4)数据量与压缩比是一对矛盾

A. 仅(1)　　　　　　B.(1)(2)　　　　　　C.(1)(2)(3)　　　　　　D. 全部

26. 国际上流行的视频制式有(　　　)。

(1)PAL 制　　　　　　(2)NTSC 制　　　　　　(3)SECAM　　　　　　(4)MPEG

A. 仅(1)　　　　　　B.(1)(2)　　　　　　C.(1)(2)(3)　　　　　　D. 全部

27. 下列多媒体软件工具,由 Windows 自带的是(　　　)。

A. Media Player　　　　B. GoldWave　　　　　　C. Winamp　　　　　　D. RealPlayer

28. 下列说法中不正确的是(　　　)。

A. 电子出版物存储容量大,一张光盘可存储几百本书

B. 电子出版物可以集成文本、图形、图像、动画、视频和音频等多媒体信息

C. 电子出版物不能长期保存

D. 电子出版物检索快

29. 下列硬件设备中,不属于多媒体硬件系统必须包括的设备是(　　　)。

A. 计算机最基本的硬件设备　　　　　　　　B. CD-ROM

C. 音频输入、输出和处理设备　　　　　　　D. 多媒体通信传输设备

30. 下列各项中,不属于常用的多媒体信息压缩标准的是(　　　)。

A. JPEG 标准　　　　B. MP3 压缩　　　　　　C. LWZ 压缩　　　　　　D. MPEG 标准

31. 在动画制作中,一般帧速选择为(　　　)。

A. 30 帧/s　　　　　　B. 60 帧/s　　　　　　C. 120 帧/s　　　　　　D. 90 帧/s

32. JPEG 标准用于(　　　)。

A. 动态图像　　　　　　B. 动画　　　　　　　C. 视频图像　　　　　　D. 静止图像

33. 下列不属于多媒体静态图像文件格式的是(　　　)。

A. gif　　　　　　　　B. mpg　　　　　　　　C. bmp　　　　　　　　D. pcx

34. 下列不属于显示媒体的是(　　　)。

A. 打印机　　　　　　　B. 键盘　　　　　　　C. 音箱　　　　　　　　D. 光纤

35. 一般情况下在 Photoshop 中,笔刷选取(　　　)作为自己的绘图颜色。

A. 前景色　　　　　　　B. 背景色　　　　　　C. 透明色　　　　　　　D. 黑色

36. Windows 中使用录音机录制的声音格式是(　　　)。

A. midi　　　　　　　　B. wav　　　　　　　　C. mp3　　　　　　　　D. mod

37. 某 800 万像素的数码相机,拍摄照片的最高分辨率大约是(　　　)。

A. 3 200 × 2 400　　　B. 2 048 × 600　　　　C. 600 × 1 200　　　　D. 1 024 × 768

38.所谓媒体是指(　　)。

A.表示和传播信息的载体　　　　　　B.各种信息的编码

C.计算机输入与输出的信息　　　　　D.计算机屏幕显示的信息

39.音频与视频信息在计算机内是以(　　)表示的。

A.模拟信息　　　　B.模拟信息或数字信息　C.数字信息　　　　D.某种转换公式

40.WinRAR 软件是一个(　　)软件。

A.操作系统软件　　B.杀毒软件　　　　C.压缩软件　　　　D.媒体播放软件

41.MIDI 文件中记录的是(　　)。

A.乐谱　　　　　　　　　　　　　　B.MIDI 量化等级和采样频率

C.波形采样　　　　　　　　　　　　D.声道

42.若对音频信号以 10 kHz 采样率、16 位量化精度进行数字化,则每分钟的双声道数字化声音信号产生的数据量约为(　　)。

A.1.2 MB　　　　B.1.6 MB　　　　C.2.4 MB　　　　D.4.8 MB

43.2 min 双声道、16 位采样精度、22.05 采样频率声音的不压缩的数据量约为(　　)。

A.10 KB　　　　B.10 GB　　　　C.10 MB　　　　D.5 MB

44.一个参数为 2 min、25 帧/s、640×480 分辨率、24 位真彩色数字视频的不压缩的数据量约为(　　)。

A.2.7 GB　　　　B.27 GB　　　　C.27 KB　　　　D.27 MB

二、填空题

1.某学生想搜集数字图片素材,可通过扫描仪扫描,还可通过_____、_____、_____等方式来搜集。

2.多媒体数据压缩编码方法可分为两大类:_____和_____。

3.多媒体的英文是_____,虚拟现实的英文是_____。

4.音频卡的主要功能是_____和_____。

5.USB 的中文意思是_____。

6.多媒体技术具有_____、_____、_____和_____等特性。

7._____又称乐器数字接口,是以一系列指令来表示声音的。

8.音频的频率范围大约是_____ kHz。

9.声音文件的格式常用的有波形音频文件和_____。

三、判断题

1.音频为 20 kHz ~ 20 MHz 的频率范围内。　　　　　　　　　　　　　　(　　)

2.对位图来说,用一位位图时每个像素可以有黑、白两种颜色,而用二位位图时每个像素则可以有 3 种颜色。　　　　　　　　　　　　　　　　　　　　　　(　　)

3.声音质量与它的频率范围无关。　　　　　　　　　　　　　　　　　　(　　)

4.在音频数字处理技术中,要考虑采样、量化和编码问题。　　　　　　　(　　)

5.对音频数字化来说,在相同条件下,立体声比单声道占的空间大,分辨率越高则占的空间越小,采样频率越高则占的空间越大。　　　　　　　　　　　　　(　　)

6. 在相同的条件下,位图所占的空间比矢量图小。 (　　)

7. 位图可以用画图程序获得,从荧光屏上直接抓取、用扫描仪或视频图像抓取设备、从照片等抓取、购买现成的图片库。 (　　)

8. 节点的内容可以是文本、图形、图像、动画、视频和音频。 (　　)

9. 节点在超文本中是信息的基本单元。 (　　)

10. 文字不是多媒体数据。 (　　)

11. 图像都是由一些排成行列的像素组成的,通常称位图或点阵图。 (　　)

12. 图形是用计算机绘制的画面,也称矢量图。 (　　)

13. 图形文件中只记录生成图的算法和图上的某些特征点,数据量较小。 (　　)

14. 熵压缩法是有损压缩法。 (　　)

15. dpi 是描述分辨率的单位。 (　　)

16. 多媒体同步技术的功能就是解决声、图、文等多种感觉媒体信息的综合处理,协调多媒体在时空上的同步问题。 (　　)

17. Premiere 是一个专业化的动画与数字视频处理软件。 (　　)

18. 图像的压缩过程主要由 3 个部分组成,即采样部分、量化部分和编码部分。 (　　)

19. 传统媒体处理的都是模拟信号。 (　　)

20. 矢量图像适用于逼真照片或要求精细细节的图像。 (　　)

四、简答题

1. 声音的数字化过程是怎样的? 什么是声音的符号化?

2. 简述图形和图像的区别和联系。

3. 多媒体技术研究的内容包括哪些?

4. MPEG 标准系列已有哪些压缩标准? 分别适合于什么应用?

5. 简述超文本与超媒体的发展方向。

6. 促进多媒体技术发展的关键技术有哪些?

7. 简述音频卡的主要功能。

8. 全电视信号主要由哪些信号组成?

9. 说出一个音频信号转换成在计算机中的表示过程。

10. 一台普通计算机变为多媒体计算机要解决的关键技术有哪些?

11. 数据压缩技术的 3 个主要指标是什么?

12. 为什么要压缩多媒体信息?

13. 什么叫位图?

14. 什么叫矢量图?

15. 说出 5 种常用的多媒体设备。

16. 什么是多媒体技术?

五、计算题

1. 计算 2 min NTSC 制式(30 帧/s)120×90 分辨率24 位真彩色数字视频不压缩的数据量是多少字节(请写明计算过程)。

2. 计算存储一幅 400×300 的静态真彩图像(一个像素用 3B)需要的存储空间? 计算 2 min 视频(30 帧/s,不含音频数据)所需的存储空间?

3. 多媒体技术的关键在于解决动态图像和声音的存储和传输问题。

(1)若不经过压缩,以 VGA 640×480 点阵存储一幅 256 色的彩色图像大约需要多少存储空间?

(2)请计算 1 min 双声道、16 位采样位数、44.1 kHz 采样频率声音的不压缩的数据量是多少?

4. 计算一张 650 MB 的光盘可以放多少分钟采样频率为 44.1 kHz,分辨率为 16 位,双声道的 CD 质量的 WAV 格式声音文件。

5. 如果采样频率为 22.05 kHz,分辨率 32 位,单声道,上述条件符合 CD 质量的红皮书音频标准,长度为 10 s,声音文件的大小是多少?

6. 若以 PAL 制式播放 640×480 图像,每个像素用 256 色表示,则 1 h 的不压缩的数据量为多少?

7. 请计算一张 650 MB 的光盘可以放多少 min 采样频率为 22.05 kHz、分辨率为 16 位、双声道录制的声音文件。

8. 如果采样频率为 22.05 kHz,分辨率 32 位,双声道的音频文件,长度为 10 s,声音文件的大小为多少?

9. 若以 NTSC 制式播放 640×480 图像,每个像素用 256 色表示,则 1 h 的不压缩的数据量为多少?

第8章 数据库基础

选择题

1. Access 2010 是一种( )。

A. 数据库　　　　　　B. 数据库系统　　　　　C. 数据库管理软件　　　D. 数据库管理员

2. Access 2010 数据库对象中,( )是实际存放数据的地方。

A. 表　　　　　B. 查询　　　　　　　　C. 报表　　　　　　　D. 窗体

3. Access 2010 数据库中的表是一个( )。

A. 交叉表　　　　　B. 线型表　　　　　　C. 报表　　　　　　D. 二维表

4. 在一个数据库中存储着若干个表,这些表之间可以通过( )建立关系。

A. 内容不相同的字段　　　　　　　　　B. 相同内容的字段

C. 第一个字段　　　　　　　　　　　　D. 最后一个字段

5. Access 2010 数据库属于( )数据库。

A. 层次模型　　　　B. 网状模型　　　　　C. 关系模型　　　　D. 面向对象模型

6. 打开 Access 2010 数据库时,应打开扩展名为( )的文件。

A. mda　　　　　B. accdb　　　　　　　C. mde　　　　　　　D. dbf

7. ( )不是 Access 2010 数据库的对象类型。

A. 表　　　　　B. 向导　　　　　　　　C. 窗体　　　　　　　D. 报表

8. 创建表时可以在( )中进行。

A. 报表设计器　　　B. 表浏览器　　　　　C. 表设计器　　　　D. 查询设计器

9. 文本类型的字段最多可容纳( )个字符。

A. 255　　　　　B. 256　　　　　　　　C. 128　　　　　　　D. 127

10. 二维表由行和列组成,每一行表示关系的一个( )。

A. 属性　　　　　B. 字段　　　　　　　C. 集合　　　　　　　D. 记录

11. 在 Access 2010 数据库中,专用于打印的是( )。

A. 表　　　　　B. 报表　　　　　　　　C. 窗体　　　　　　　D. 宏

12. 定义字段默认值的含义是( )。

A. 不得使该字段为空　　　　　　　　　B. 不允许字段的值超出某个范围

C. 系统自动提供数值　　　　　　　　　D. 自动把小写字母转为大写

13. 在 Access 2010 数据库中,关系选项不包括( )。

A. 参照完整性　　　　B. 提高查询　　　　C. 级联更新　　　　D. 级联删除

14. 如果在创建表中建立字段"性别",并要求用汉字表示,其数据类型应是(　　)。

A. 是/否　　　　B. 数字　　　　C. 文本　　　　D. 日期/时间

15. 书写查询准则时,日期型数据应该使用适当的分隔符括起来,正确的分隔符是(　　)。

A. *　　　　B. %　　　　C. #　　　　D. &

16. 数据库的英文缩写为(　　)。

A. DBA　　　　B. DB　　　　C. DBMS　　　　D. DBS

17. 在 Access 2010 数据库中,不存在的数据类型是(　　)。

A. 文本　　　　B. 数字　　　　C. 通用　　　　D. 日期/时间

18. 建立表的结构时,一个字段由(　　)组成。

A. 字段名称　　　　B. 数据类型　　　　C. 字段属性　　　　D. 以上都是

19. 在 Access 2010 表中,(　　)不可以定义为主键。

A. 自动编号　　　　B. 单字段　　　　C. 多字段　　　　D. OLE 对象

20. 可以设置"字段大小"属性的数据类型是(　　)。

A. 备注　　　　B. 日期/时间　　　　C. 文本　　　　D. 上述皆可

21. 在表的设计视图中,不能完成的操作是(　　)。

A. 修改字段的名称　　　　　　　　B. 删除一个字段

C. 修改字段的属性　　　　　　　　D. 删除一条记录

22. 关于主键,下列说法错误的是(　　)。

A. Access 2010 并不要求在每一个表中都必须包含一个主键

B. 在一个表中只能指定一个字段为主键

C. 在输入数据或对数据进行修改时,不能向主键的字段输入相同的值

D. 利用主键可以加快数据的查找速度

23. 如果一个字段在多数情况下取一个固定的值,可以将这个值设置成字段的(　　)。

A. 关键字　　　　B. 默认值　　　　C. 有效性文本　　　　D. 输入掩码

24. 关闭 Acess 2010 系统的方法有(　　)。

A. 单击 Acess 右上角的"关闭"按钮　　　　B. 选择"文件"菜单中的"退出"命令

C. 使用"Alt + F4"快捷键　　　　D. 以上都是

25. 若使打开的数据库文件只能浏览数据,要选择打开数据库文件的方式为(　　)。

A. 以只读方式打开　　　　　　　　B. 以独占只读方式打开

C. 以独占方式打开　　　　　　　　D. 打开

26. Access 2010 中,表和数据库的关系是(　　)。

A. 一个数据库中包含多个表　　　　B. 一个表只能包含两个数据库

C. 一个表可以包含多个数据库　　　　D. 一个数据库只能包含一个表

27. 数据库系统的核心是(　　)。

A. 数据库　　　　B. 文件　　　　C. 数据库管理系统　　　　D. 操作系统

28. 在表的设计视图的"字段属性"框中,默认情况下,"标题"属性是(　　)。

　　A. 字段名　　　　　　B. 空　　　　　　　　　C. 字段类型　　　　　　D. NULL

29. 在对某数字型字段进行升序排序时,假设该字段存在这 4 个值:100,22,18 和 3,则最后排序的结果是(　　)。

　　A. 100,22,18,3　　　　　　　　　　　　B. 3,18,22,100

　　C. 100,18,22,3　　　　　　　　　　　　D. 18,100,22,3

30. 在对某字符型字段进行升序排序时,假设该字段存在这 4 个值:"中国""美国""俄罗斯"和"日本",则最后排序的结果是(　　)。

　　A. "中国""美国""俄罗斯""日本"　　　　　　B. "俄罗斯""日本""美国""中国"

　　C. "中国""日本""俄罗斯""美国"　　　　　　D. "俄罗斯""美国""日本""中国"

31. 关于字段默认值的叙述,下列不正确的是(　　)。

　　A. 设置文本型默认值时不用输入引号,系统自动加入

　　B. 设置默认值时,必须与字段中所设的数据类型相匹配

　　C. 设置默认值可以减小用户输入强度

　　D. 默认值是一个确定的值,不能用表达式

32. 在 Access 2010 中,可以按(　　)进行记录排序。

　　A. 1 个字段　　　　B. 2 个字段　　　　　C. 主关键字段　　　　D. 多个字段

33. 文本类型的字段大小默认为(　　)个字符。

　　A. 120　　　　　　B. 250　　　　　　　C. 255　　　　　　D. 1 024

34. 在 Access 2010 中,数据库的核心与基础是(　　)。

　　A. 表　　　　　　B. 查询　　　　　　C. 报表　　　　　　D. 宏

35. "TRUE/FALSE"数据属于(　　)。

　　A. 文本数据类型　　　　　　　　　　B. 是/否数据类型

　　C. 备注数据类型　　　　　　　　　　D. 数字数据类型

36. 修改表结构只能在(　　)。

　　A. "数据表"视图　　　　　　　　　　B. "设计"视图

　　C. "表向导"视图　　　　　　　　　　D. "数据库"视图

37. 在数据库中,能够唯一地标识一个元组的属性或属性的组合称为(　　)。

　　A. 记录　　　　　　B. 字段　　　　　　C. 域　　　　　　D. 关键字

38. Access 2010 支持的查询类型有(　　)。

　　A. 选择查询、交叉表查询、参数查询、SQL 查询和操作查询

　　B. 选择查询、基本查询、参数查询、SQL 查询和操作查询

　　C. 多表查询、单表查询、参数查询、SQL 查询和操作查询

　　D. 选择查询、汇总查询、参数查询、SQL 查询和操作查询

39. 根据指定的查询条件,从一个或多个表中获取数据并显示结果的查询称为(　　)。

　　A. 交叉表查询　　　B. 参数查询　　　　C. 选择查询　　　　D. 操作查询

40. 下列关于条件的说法中,不正确的是(　　)。

A. 同行之间为逻辑"与"关系,不同行之间为逻辑"或"关系

B. 日期/时间类型数据在两端加上"#"

C. 数字类型数据需在两端加上双引号

D. 文本类型数据需在两端加上双引号

41. 在学生成绩表中,查询成绩为 70～80 分(包括 70 和 80)的学生信息。正确的条件设置为(   )。

    A. >69 or <80   B. Between 70 and 80   C. >70 and <80   D. in(70,79)

42. 若要在文本型字段执行全文搜索,查询"Access"开头的字符串,正确的条件表达式设置为(   )。

    A. like "Access *"   B. like"Access"

    C. like " * Access *"   D. like" * Access"

43. 参数查询时,在一般查询条件中写上(   ),并在其中输入提示信息。

    A. ( )   B. < >   C. { }   D. [ ]

44. 使用查询向导,不可以创建(   )。

    A. 单表查询   B. 多表查询   C. 带条件查询   D. 不带条件查询

45. 在学生成绩表中,若要查询姓"张"的女生信息,正确的条件设置为(   )。

A. 在"条件"单元格输入:姓名 ="张" AND 性别 ="女"

B. 在"性别"对应的"条件"单元格中输入:"女"

C. 在"性别"的条件行输入"女",在"姓名"的条件行输入:LIKE "张 *"

D. 在"条件"单元格输入:性别 ="女"AND 姓名 ="张 *"

46. 查询设计好以后,可进入"数据表"视图观察结果,不能实现的方法是(   )。

A. 保存并关闭该查询后,双击该查询

B. 直接单击工具栏的"运行"按钮

C. 选定"表"对象,双击"使用数据表视图创建"快捷方式

D. 单击工具栏最左端的"视图"按钮,切换到"数据表"视图

47. 在 SELECT 命令中,用于排序的关键词是(   )。

    A. Group By   B. Order By   C. Having   D. Select

48. 在 SELECT 命令中,条件短语的关键词是(   )。

    A. While   B. For   C. Where   D. Condition

49. 在下列查询中有一种查询除了从表中选择数据外,还对表中数据进行修改的是(   )。

    A. 选择查询   B. 交叉表查询   C. 操作查询   D. 参数查询

50. 下列哪个查询表在执行时弹出对话框,提示用户输入必要的信息,再按照这些信息进行查询?(   )

    A. 选择查询   B. 参数查询   C. 交叉表查询   D. 操作查询

51. (   )是最常见的查询类型,它从一个或多个表中检索数据,在一定的限制条件下,还可通过查询方式来更改相应表中的记录。

A. 选择查询　　　　　B. 参数查询　　　　　C. 操作查询　　　　　D. SQL 查询

52. 假设某一个数据库表中有一个姓名字段,查找姓王的记录的准则是(　　　)。

A. Not"王 * "　　　　B. Not"王"　　　　　C. Like"王 * "　　　　D. "王 * "

53. 除了从表中选择数据外,还可对表中数据进行修改的查询是(　　　)。

A. 选择查询　　　　　B. 参数查询　　　　　C. 操作查询　　　　　D. 生成表查询

54. 关于删除查询,下列叙述正确的是(　　　)。

A. 每次操作只能删除一条记录

B. 每次只能删除单个表中的记录

C. 删除过的记录只能用"撤销"命令恢复

D. 每次删除整个记录,并非是指定字段中的记录

55. 操作查询不包括(　　　)。

A. 更新查询　　　　　B. 参数查询　　　　　C. 生成表查询　　　　　D. 删除查询

56. 若查询学生表的所有记录及字段,其 SQL 语法应是(　　　)。

A. select 姓名 from　学生　　　　　　　　　　B. select * from　学生

C. select * from　学生 where 学号 = 1258001　　D. 以上都不是

参考文献

［1］甘利杰,孔令信,马亚军,等.大学计算机基础教程［M］.重庆:重庆大学出版社,2017.

［2］王爱民.计算机应用基础［M］.4 版.北京:高等教育出版社,2014.

［3］龚沛曾,杨志强.大学计算机基础［M］.5 版.北京:高等教育出版社,2009.

［4］王丽芳,张静,李富萍,等.计算机科学导论［M］.北京:清华大学出版社,2012.

［5］张青,等.大学计算机应用基础教程［M］.西安:西安交通大学出版社,2014.

［6］王爱英.计算机组成与结构［M］.4 版.北京:清华大学出版社,2007.

［7］张尧学,史美林,张高.计算机操作系统教程［M］.3 版.北京:清华大学出版社,2006.

［8］唐永华,刘鹏,于洋,等.大学计算机基础［M］.2 版.北京:清华大学出版社,2015.

［9］周凌.计算机应用基础［M］.北京:电子工业出版社,2014.

［10］肖贵元.计算机应用基础［M］.重庆:重庆出版社,2007.

［11］蒋加伏,陈小瀚.大学计算机应用基础［M］.北京:北京邮电大学出版社,2009.

［12］钮立辉.局域网组建与维护项目教程［M］.北京:机械工业出版社,2013.

［13］汪双顶,余明辉.网络组建与维护技术［M］.2 版.北京:人民邮电出版社,2014.

［14］任德齐,何婕.计算机文化基础［M］.重庆:重庆大学出版社,2013.

［15］李泽年.多媒体技术基础教程［M］.史元春,译.北京:机械工业出版社,2007.

［16］杨振山,龚沛曾,杨志强.大学计算机基础简明教程［M］.北京:高等教育出版社,2006.

［17］邹显春,陈策.Visual FoxPro 程序设计教程［M］.重庆:重庆大学出版社,2010.

［18］刘卫国,刘泽星.SQL Server 2008 数据库应用技术［M］.2 版.北京:人民邮电出版社,
2015.

参考文献

[1] 闫建波, 孔令富, 石建平. 参考文献著录规范及应用[M]. 重庆: 重庆大学出版社, 2017.

[2] 丁春辰. 工程制图与识图[M]. 北京: 机械工业出版社, 2014.

[3] 吴宗泽, 罗圣国. 机械设计课程设计手册[M]. 5版. 北京: 高等教育出版社, 2009.

[4] 王昆, 等. 机械设计课程设计[M]. 北京: 高等教育出版社, 2012.

[5] 濮良贵. 机械设计[M]. 北京: 高等教育出版社, 2014.

[6] 王旭. 机械设计课程设计[M]. 4版. 北京: 机械工业出版社, 2007.

[7] 朱文坚. 机械设计课程设计[M]. 北京: 高等教育出版社, 2006.

[8] 成大先. 机械设计手册[M]. 北京: 化学工业出版社, 2015.

[9] 陈秀宁. 机械设计课程设计[M]. 杭州: 浙江大学出版社, 2014.

[10] 冯开平. 机械设计基础[M]. 武汉: 武汉理工大学出版社, 2007.

[11] 杨可桢, 程光蕴. 机械设计基础[M]. 北京: 高等教育出版社, 2009.

[12] 孙桓. 机械原理[M]. 北京: 高等教育出版社, 2013.

[13] 吴宗泽. 机械设计课程设计手册[M]. 北京: 机械工业出版社, 2014.

[14] 陈立德. 机械设计基础课程设计[M]. 北京: 高等教育出版社, 2015.

[15] 李育锡. 机械设计课程设计[M]. 北京: 高等教育出版社, 2007.

[16] 杨黎明, 黄凯. 机械零件设计手册[M]. 北京: 国防工业出版社, 2000.

[17] 成大先. 机械设计手册[M]. 北京: 化学工业出版社, 2010.

[18] 刘鸿文. 材料力学[M]. 北京: 高等教育出版社, 2015.